CONGSHUXUEJIAOYUDAO
JIAOYUSHUXUE

# 从数学教育到
# 教育数学

——张景中院士、曹培生教授
献给中学师生的礼物

[典藏版]

张景中 曹培生◎著

中国少年儿童新闻出版总社
中国少年儿童出版社
北京

**图书在版编目（CIP）数据**

从数学教育到教育数学（典藏版）/ 张景中著.—
北京: 中国少年儿童出版社，2011.7（2024.4重印）
（中国科普名家名作 • 院士数学讲座专辑）
ISBN 978 – 7– 5148 – 0196 – 5

Ⅰ.①从… Ⅱ.①张… Ⅲ.①数学 – 少儿读物 Ⅳ.
①01–49

中国版本图书馆CIP数据核字（2011）第062625号

CONG SHUXUEJIAOYU DAO JIAOYUSHUXUE
(DIANCANGBAN)
（中国科普名家名作·院士数学讲座专辑）

出版发行：中国少年儿童新闻出版总社
中国少年兒童出版社

执行出版人：马兴民

策　　划：薛晓哲　　著　　者：张景中
责任编辑：许碧娟　董　慧　常　乐　　责任校对：杨　宏
装帧设计：缪　惟　刘豪亮　　责任印务：厉　静

社　　址：北京市朝阳区建国门外大街丙 12 号楼　　邮政编码：100022
总 编 室：010–57526070　　发 行 部：010–57526568
官方网址：www. ccppg. cn

印刷：北京市凯鑫彩色印刷有限公司

开本：880mm × 1230mm　1/32　　印张：8
版次：2011年7月第1版　　印次：2024年4月第12次印刷
字数：140千字　　印数：60001–65000册

ISBN 978–7–5148–0196–5　　定价：20.00元

图书出版质量投诉电话：010–57526069　　电子邮箱：cbzlts@ccppg.com.cn

# 写在前面

教育数学，作为一门学科，尚待承认；但教育数学的活动，则早已存在。

两千多年前的欧几里得，对当时的几何学研究成果进行再创造，写成了《几何原本》这一有着深远影响的教程。这是教育数学的第一个光辉典范。

一百多年前的法国数学家柯西，对牛顿、莱布尼茨以来微积分的研究成果进行再创造，写出了至今还在影响着大学讲坛的《分析教程》，成为高等数学教育发展途中的一座里程碑。这是教育数学的又一杰出贡献。

当代的布尔巴基学派，把浩繁的现代数学纳入“结构”的框架，出版了已达 40 余卷的百科全书似的巨著《数学原理》，“对数学从头探讨，并给予完全的证明”。这是为数学家准备的高级教程。应当说，布尔巴基是当代的教育数学大师。

为什么是教育数学而不是数学教育？

数学教育要靠数学科学提供材料。对材料进行教学法的加工使之形成教材，是数学教育的任务。但是，数学教育不承担数学上的创造工作。

为了教育的需要，对数学研究成果进行再创造式的整理，提供适于教学法加工的材料，往往需要数学上的创新。这属于教育数学的任务。

因此，我们认为，欧几里得、柯西以及布尔巴基们，是教育数学家。他们的工作成果，一次又一次地被数学教育家加工，成为各式各样的课本，直到今天。

从欧几里得到布尔巴基，他们是站在数学发展前沿从事再创造活动的。到了今天，在中小学和大学课堂上，面对着欧几里得、柯西这些大师们留下的珍贵遗产，我们似乎是在数学的大后方。在大后方，除了“教学法加工”之外，是不是无事可做了呢？如果无事可做，“教育数学”在中小学到大学这一广阔领域，岂不是没有立足之地了吗？

事实并非如此。前辈大师们留下的珍贵遗产，并非尽善尽美。在中学到大学的数学课程中，存在着公认的难点。如何处理这些难点，一直被认为是数学教育的任务。这些难点，说明了前辈大师们的工作尚有缺陷。指出这些缺陷，从数学上而不是从教育学上加以再创造，正是当前教育数学的任务之一。

本书作者一直致力于这方面的研究工作，这本书介绍的就是作者从1975年以来进行的探讨，具体包括3个问题：平面几何的新体系与新方法，极限概念的“非 $\varepsilon$－语言”定义法，以及实数理论中的连续归纳法。

我们希望读者阅读了这本书之后，能够有这样的印象：教育数学是具体的、切切实实的数学，不是空泛的讨论。

但是，作为一门学科，它仍然是一株幼苗，甚至是一粒刚刚萌发的种子。

# 目录

CONGSHUXUEJIAOYUDAOJIAOYUSHUXUE Contents

# 目录

Contents CONGSHUXUEJIAOYUDAOJIAOYUSHUXUE

# 目 录

CONGSHUXUEJIAOYUDAOJIAOYUSHUXUE Contents



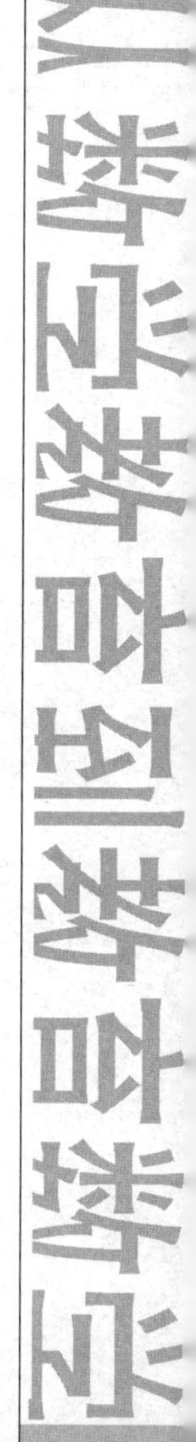

# 一、珍贵的遗产，沉重的负担

## 1.1　从方块字谈起

方块汉字，是祖宗留给我们的一份珍贵的文化遗产。龙飞凤舞的书法、古朴雅致的篆刻、铿锵上口的律诗、巧夺天工的楹联……这些艺术明珠，无不和方块汉字息息相关。如果有一天，汉字真的被 20 多个字母的各种排列组合所代替，这些艺术明珠也就只能栖身于研究室和博物馆了。这多少还是令人惋惜的。

但是，正像鲁迅早就指出的那样，方块汉字，是我们民族身上的一个沉重负担。它是一种“不象形的象形字，不谐声的谐声字”，我们要一个一个地凭空记住，又要把那么多笔画妥妥帖帖地安排在一个不到一厘米见方的小格子里，确实不容易。鲁迅认为，汉字的难写难认，是阻挡人们学习文化知识的一条“高门槛”，“单是这条门槛，倘若不费它十来年工夫，就不容易跨过”。这话一点儿不假。在一所著名的综合大学的校园里，我不止一次地看见大学生写的寻物启“示”；我们的电视台也曾经做过“容易读错的字”的专题节目。这些，不都表明中国语言文字难学吗？

在电子计算机向各个领域渗透的今天，方块字这个包袱，显得更加沉重。计算机用拉丁字母的组合与人交流信息，极其方便。而汉字系统呢，至今还是热门的研究课题。虽然有一个个巧妙的方案脱颖而出，但实际上都要占用宝贵的内存。（这是20多年前的情形了。由于信息技术的进步，汉字输入占用的内存，已不在话下。）

方块字还阻碍了我国与世界上其他许多国家的文化交流。中国有不少好的文学作品，但都与诺贝尔文学奖无缘。据说，这也和汉字之难大有关系。

祖宗给我们留下这份宝贵的文化遗产，我们应当感激。但是为了继承它，我们已经虚掷了太多光阴，耗费了太多金钱！而我们的子孙后代，又将在方块字上比人家多付出多少劳动啊！

珍贵的遗产，同时又是沉重的负担。

## 1.2 10个指头不如8个指头

珍贵的遗产，同时又是沉重负担。这种现象不仅仅表现在方块汉字上。比如，美国的一位著名科普作家阿西莫夫，曾经写过一篇文章，论述英语中也有许多单词造得不合理、不简洁。

为了减轻语言文字现状带给人类的沉重负担，有识之士开始提倡一种“世界语”。这种更方便、更科学的新造语种，一百多年来，得到越来越广泛的支持。

为了使珍贵的遗产传到下一代手中时更易使用和理解，人们付出了艰辛的劳动。这种文化改造工作很艰难；因为当人们发现“遗产”应当加以改造时，往往已经晚了。

下面我们来看看，除了语言文字外，还有哪些文化遗产既“珍贵”又“沉重”。

在这些珍贵的遗产当中，最基本的部分除语言文字外，恐怕要算数学了。看看十进制记数法吧，这可是全世界人民的共同财富。它比起古埃及或古罗马的记数法来，不知要高明多少倍。但是，它是不是就尽善尽美了呢？

早就有人感叹过，要是人有 8 个手指而不是 10 个就好了——因为八进制对于电子计算机来说要比十进制方便得多。电子计算机用二进制数码进行实际的运算（这在今天已是人们的常识了），而八进制与二进制之间的相互转换易如反掌。这里有一张表，它记录了把八进制数译成二进制数，或把二进制数译成八进制数的通用方法：

| 八进制 | | 二进制 |
|---|---|---|
| 0 | —— | 000 |
| 1 | —— | 001 |
| 2 | —— | 010 |
| 3 | —— | 011 |
| 4 | —— | 100 |
| 5 | —— | 101 |
| 6 | —— | 110 |
| 7 | —— | 111 |

用以上方法，我们可以方便地把一个八进制数，例如 317（相当于十进制下的 $3\times64+8+7=207$），直译作 011，001，111。丢掉最左边的 0，就是 11001111。反过来，二进制下的 1010110，自右向左，3 个码一组，看成 001，010，110，也能直译成八进制下的 126。

可是，你要把十进制数 207 译成二进制，试试看，就麻烦得多。你要反复用 2 来除。

| 除数 | 被除数 | | 余数 |
|---|---|---|---|
| 2 | 207 | …… | 余 1 |
| 2 | 103 | …… | 余 1 |
| 2 | 51 | …… | 余 1 |
| 2 | 25 | …… | 余 1 |
| 2 | 12 | …… | 余 0 |
| 2 | 6 | …… | 余 0 |
| 2 | 3 | …… | 余 1 |
| | 1 | …… | 余 1 |

把余数自下而上写出来是：11001111。而从八进制下的 317 得到它，就容易得多。

## 1.3 更先进的数制

不过，不同数制的转换也不是什么了不得的困难，在计算机里，略施小技，就能解决十进制到二进制的转换问题。之所以说十进制并非尽善尽美，我们有更有力的理由：因为还有比十进制记数法更优越的方法。

两只手有10个指头，一只手可只有5个指头。中国算盘里上珠以一代五，大大方便了运算。充分利用这5个指头，能造出更好的记数法来。

比方说，我们可以删除6，7，8，9这4个数码，只留下0，1，2，3，4，5（要知道，关于7，8，9的加减乘除，正是一年级小学生觉得最难的）。仍然是十进制，但记数时加减并用。一个数码顶上画一杠表示减去它。具体来说，0，1，2，3，4，5的写法不变。数码6没有了，但因为6=10－4，所以6可以写成$1\bar{4}$——十位上的1代表10，个位上的$\bar{4}$代表负4。照此处理，7写成$1\bar{3}$，8写成$1\bar{2}$，9写成$1\bar{1}$，而10还是10。从11到15照旧，而16到19则变成了$2\bar{4}$、$2\bar{3}$、$2\bar{2}$、$2\bar{1}$。类似地，27是$3\bar{3}$，81是$1\bar{2}1$，97是$10\bar{3}$，104仍是104，7267则变成$1\bar{3}3\overline{33}$。

这种记数法的好处，不仅在于少用了6，7，8，9这4个数码，更重要的是运算起来方便。

有人详细总结了这种记数法的好处，大致有以下6条：

（1）基本的加减法容易多了，因为只剩下5以内的加减法。

（2）乘法表的内容大大减少。如果不算1的乘法，就只有10句。

（3）学会加法也就学会了减法。例如：

$$5\bar{2}4-2\bar{3}3=5\bar{2}4+\bar{2}3\bar{3}。$$

这样，代数里的正负数加减法就融合在算术运算里了。

（4）由于正负抵消，连续相加变得更容易了。比较一下这两个算式，可见一斑：

$$
\begin{array}{r}
198 \\
245 \\
739 \\
+\ 682 \\
\hline
1864
\end{array}
\quad = \quad
\begin{array}{r}
20\bar{2} \\
245 \\
1\bar{3}4\bar{1} \\
+1\bar{3}\bar{2}2 \\
\hline
2\bar{1}\bar{4}4
\end{array}
$$

左边的老式算法，由于不能正负相消，每一竖列相加时都涉及较多的运算。

（5）加减混合运算可以在一个竖式里进行。

（6）四舍五入的规则没有了，取而代之的是简单的“截尾”。比方说，3.68 在新记数法里是 $4.\overline{32}$，截尾之后得到 $4.\bar{3}$，恰好是 3.7，相当于把 3.68 最后的 8 进上去。而 3.64 是 $4.\bar{4}4$，截尾之后是 $4.\bar{4}$，即 3.6。

想一想，单是简化乘法表，就能使孩子们提前半个学期学会乘法。此外，由于记数法本身和正负号紧密地联系在一起，还可以使代数变得更容易。

可见，十进制记数法虽然是一份珍贵的遗产，同时也是沉重的负担。初学算术的孩子，也许会有最深刻的体会吧！

尽管早在 1726 年，已有人提出以上介绍的这种加减记数法（就在这一年，英国人约翰·科尔森向英国皇家学会介绍了这个系统），但还是太晚了。因为世界上已经有太多的人学会了现在通行的十进制记数法。要改，将涉及整个社会，要遇到不可克服的阻力，要付出巨大的代价。

## 1.4 亡羊补牢，犹未为晚

现在，我们指手画脚地大谈方块汉字的缺点，大谈十进制记数法的不完美之处，除了能显示自己比古人高明之外，又有什么用呢?这确实是“马后炮”。然而，“亡羊补牢，犹未为晚”，既然当不成事先诸葛亮，就当一当事后诸葛亮吧!

我们是否应当仔细查看一下，现在我们千方百计地教给孩子们的许多东西当中，还有没有这样的“珍贵遗产”呢?有朝一日我们会不会突然发现，可以用更好的东西取代它，对比之下，它又成了沉重的负担呢?

语言文字和数学是最基本的两大学科。对语言文字，我们除了接受古人遗产之外，办法不多，只有小改小革——比如简化字、汉语拼音。而数学教育的内容如何改革，则是近年来世界各国的数学家和数学教育家十分关心的事。这里不一一介绍各种方案的基本设想和实践的优劣成败，我们想从另一个角度提出问题——从系统科学的观点看，数学教育的内容能不能进一步“优化”呢?

方块汉字的产生，具体因素很复杂。但有一点可以肯定，“仓颉”们那时没有系统科学的知识，不懂得信息论，造字时缺乏通盘计划，没有进行“优化”！

十进制的现行记数系统，它的产生也不是一个完全自觉的过程。没有谁应用系统科学的观点，对它进行“优化”。

随着科学技术的发展，数学正迅速地向其他学科渗透，数学知识日益普及，一旦普及得够多，改革起来就会特别困难，就像现在我们想改革方块字、改革记数系统那样。

抓紧吧，现在还来得及！

# 二、国王向欧几里得提出的请求

## 2.1 第一部几何教科书

据说，世界上再版次数最多、流传最广的书，除了《圣经》之外，就要数欧几里得的《几何原本》了。《圣经》的流传依靠宗教的力量，而《几何原本》的历久不衰靠的是它在科学上的卓越成就。

《几何原本》把当时人类所掌握的相当丰富，但杂乱无章的几何知识熔于一炉，铸成了一个空前严整的科学体系。这在人类认识世界的历史上实为一大创举。同时，《几何原本》又以它无可争辩的威望，自然而然地成为几何课程的第一部教材，占领中学几何课堂两千多年而历久不衰。如今，初中的几何课本虽大有删改，但不外乎是《几何原本》的变形或缩影。

事实表明，欧几里得真是一箭双雕。因为《几何原本》不仅在科学领域是成功的，在教育领域也是成功的。它把生动直观的图形与严密的论证紧密结合起来，出发点简明而无可争辩；特别是它还给学生提供了丰富多彩，而且几乎是从易到难任何一级难度的习题，从而激起学生学习几何的高度兴趣，甚至产生如痴如醉的感觉，这是其他任何课程都无法比拟的。

## 2.2 国王的请求

欧几里得的几何体系也并非完美无缺。经过人们两千多年的探讨，最后由希尔伯特这位数学巨匠，弥补了它逻辑上的漏洞。希尔伯特手法之高明，几乎达到了无可指摘的地步。但在教育方面至今仍无多大改观。由于欧几里得几何体系本身的不足，使得几何课程仍让中学数学教师和学生感到棘手。

有这么一个故事：古埃及的一位国王托勒密，曾向欧几里得学习几何。国王被一连串的公理、定义、定理弄得头昏脑涨，便向欧几里得请求道："亲爱的欧几里得先生，能不能把您的几何弄得简单一些呢？"这位伟大的学者严肃地回答说："几何无王者之路！"

人们常常是怀着对欧几里得的钦佩之情与对国王的嘲讽之意谈起这个故事。但是，我倒想替这位国王说几句话。

作为学生，总是希望老师能把课讲得精彩些、明白些，总是希望教科书编得更容易看懂。在这一点上，国王的要求，正是道出了两千多年来几何教师和学生们的心声。几何难学，已是一个不争的事实。关于初等几何学习方法、教学方法、解题方法的书，出了一本又一本，种类与数量之多，与几何课的课时不成比例！这一切都说明，几何是一门公认的难学的课程。初中生成绩分化，也常常先在这门课上表现出来。

## 2.3 难在何处

为什么难学呢？几何学是讲空间形式的。是空间形式本身难于认识，还是欧几里得的体系不够好，把本来容易认识的东西讲难了呢？

对于客观世界的空间形式，我们奈何它不得。所以，我们的改革只有从欧几里得的体系本身寻找原因，挑老先生的毛病！

学习一门课程，好比游览一个城市；课程的逻辑体系，就好比城市的交通系统。好的交通系统，应当有“放射型”的交通中心。交通中心应该四通八达，找到它，我们到哪儿都方便。而欧几里得的几何体系又怎么样呢？它没有一个突出的中心，没有一个能让学生俯瞰全局的制高点。它的逻辑结构是串联式而不是放射型的。《几何原本》的每一节都那么重要，任何一部分没学好，往前走的路就断了，这就是串联式逻辑结构的特征。欧几里得把我们引进了一座精巧雅致的古代园林，这儿有目不暇接的美景，却没有简单明了的交通指南。你不知道哪里才是通往园林各个角落的中心点，只有小心翼翼地跟在这位老向导的后面，沿着一条曲曲折折的小径饱览胜景。稍不留心，就会迷路！

欧几里得体系的又一个令人头痛的问题，是它没有提供一套强有力的、通用的解题方法。我们学会了加减乘除，就会算很多算术题；学会了解二元一次方程组，就能解大量方程式应用题。但几何与算术、代数不一样，尽管我们学了一堆几何定理，仍然会在一些其实并不难解的几何习题面前束手无策。这是为什么呢？其实道理也很简单，欧几里得给我们的基本解题工具，主要是全等三角形和相似三角形；而许多题目里出现的图形，并不包含这些。要用上它们，往往要画辅助线。可怎样画辅助线，需要想象与创造。所以说欧几里得给我们的几何，不仅是数学，更是艺术！

几何学虽然已有两千多年的历史，但就解题方法而言，直到20世纪80年代，它仍停留在“一题一法”的水平上。

整个数学教育是个大系统，几何教学是其中的一个子系统。它和大系统匹配得如何呢？它有没有充分利用大系统为它提供的环境支持呢？它有没有为大系统尽可能多地作出自己的贡献呢？

欧几里得为我们留下一个美丽但相对封闭的花园。有人把欧氏几何比作一颗没有串上金线的珍珠。它既不以小学生们掌握的几何知识为发展基地，又不用代数所提供的关于方程式的知识作为解题的锐利武器。它拥有丰富的习题，但并不准备为姐妹课程——代数提供复习、巩固、提高的用武之地。它更没有暗示我们解析几何与高等数学即将出现。这一切确实令人遗憾。

## 2.4 眼光向前

这一切，当然不能怪欧几里得。三角法的出现比欧几里得晚几百年；代数里的字母运算，是在欧几里得之后一千多年才出现的；他更不知道实数。所以，欧几里得几乎是赤手空拳对付面前的一堆资料。

说句公道话，欧几里得已经干得很出色了。他确实给我们留下了一份珍贵的遗产。我们刚才挑毛病，并不是为了责备古人，而是为了给自己提出要求——如何使广大中学生更容易继承这份遗产，学好几何。

虽然两千多年前那位国王的请求被欧几里得拒绝了，但今天，在我们拥有了更多知识，比欧几里得站得更高、看得更远的情况下，国王的希望——也就是广大中学生的希望，能不能在我们手中成为现实呢？

# 三、要什么样的几何教材

## 3.1 几何——数学教育改革的热点

如何改造平面几何，是中学数学教改争论的焦点之一。自 1960 年以来，这个问题引起了广泛的、世界性的争论。国内外的数学家和数学教育家们都付出过相当大的努力，但至今没有显著成效。

几何，在数学中占有举足轻重的地位。历史上，数学科学首先以几何学的形式出现。几何学提出的问题，诱发出一个又一个重要的数学观念和有力的数学方法。在现代，几何学正趋于活跃与复兴。它的方法和分析的、代数的、组合的方法相辅相成，扩展着人类对数与形的认识。

如果我们把数学比作美丽的大花园，那几何学就是这花园门前五彩缤纷的花坛和晶莹夺目的喷泉，它吸引着更多的人来了解数学、研究数学。对于青少年学生来说，几何能够同时给他们提供生动直观的图像和严谨的逻辑结构，这非常有利于开发他们大脑两个半球的潜力，提高学习效率，完善智力发展。

因此，怎样处理好几何，成为数学教育改革成败的关键之一，也是突出的难点之一。

## 3.2 欧几里得滚蛋

20 世纪 60 年代，国外有一批热心改革的数学家和数学教育家，发起了一场轰轰烈烈的“新数学”运动。但是，他们的改革未免走了极端。例如，著名的法国数学家狄东尼甚至提出了“欧几里得滚蛋”的口号！他们的想法是用向量运算来取代欧氏几何，结果遇到了挫折。

有人说新数学运动以失败告终；有人则反对这种说法，认为不算失败。不管怎么说，反正是进行不下去了。为什么没有成功呢？也许，从事这一运动的数学家和数学教育家们，没有真正弄清楚欧几里得体系能够占领课堂两千多年的原因吧！他们想简单地切断历史，让中学生从上一代人的终点开始，尽快地吸取近代甚至现代数学的成就。结果表明，这只是一相情愿的良好愿望。人的认识过程是有客观规律的。我们很难期望用数学家的领悟来代替中学生的领悟，更不能期望中学生跳过一系列的认识发展阶段，直达现代数学的大门。

由于新数学运动遇到了挫折，“回到基础”的口号又被提出来了。欧几里得的一套理论，经过不太大的剪裁修补，又回到了课堂。几何难学，仍然是个问题。珍贵的遗产，依然是沉重的负担。

## 3.3 对新教材的要求

应当怎么办呢?

笔者认为，应当从数学教育这个大系统的全局需要来提出对几何教材的要求，应当建立起更合理、更容易学习，能够和欧几里得体系相竞争，且足以吸引学生的几何体系。

那什么叫更合理? 怎么个容易学习法? 应当提出具体的要求。

首先，它应当直观、生动，内容丰富，像原来教材那样有浓厚的趣味。它应当也有从易到难的丰富的练习题，并且用引人入胜的方法，引导学生学会解决一系列有足够难度的题目，包括一些古典名题。否则，它对学生就没有足够的吸引力，就不足以和欧几里得体系竞争。

其次，在逻辑结构上，它应当有明确的中心，有俯瞰全局的制高点。一旦学生控制了这个中心，便能从这里出发，沿着星状的交通线，到达平面几何的各个部分，解决各类平面几何的问题。

再有，它应当提供有通用效能的解题方法与解题模式，应当兼有几何的直观性和代数的简洁性，像坐标法那样有章可循，又像综合法那样耐人寻味。

另外，在和其他数学课程的关系上，它应当瞻前顾后，照顾“左邻右舍”。小学时，学生已有一些几何知识了，怎么充分利用这些知识呢？中学时，学生已学了一些代数方程式，它在几何领域能不能成为有效的工具呢？再过几年，学生要学解析几何与微积分了，能不能让他们对高等数学的来临有所准备呢？如果能让学生感到初等数学在向前发展时，必然孕育着新的学科，那么他在学习了高等数学之后，会回味无穷地体会到：这一段中学的几何课程，让他受益匪浅！

我们所期望的新教材，推理手法应当是简洁的。想要获得同样的结论，它的逻辑步骤应当比欧几里得体系大为减少。它当然也应该是严密的，应当有自己的公理体系作为后盾。

如果仅仅满足于现有的数学材料，仅仅用做拼盘的方法，是弄不出这样的新教材的。只有数学家和数学教育家们协力创造，才能促使这样的教材诞生。

但是，前面的要求是不是过于苛刻了呢？就像一个方程组，如果条件要求得多了，很可能无解。我们会不会陷入无解的绝境呢？

我们无法教条式地作出预言，我们也不应让“可能无解”的噩梦束缚自己的手脚。向前进，你就会产生信念！让我们看看几个具体方案，从中汲取一点儿信心和勇气吧！

# 四、抓住面积，开门见山

这一章里，我们推出一个改革几何教材的方案：从面积出发，引入三角，迅速展开。

## 4.1 面积法——古老的证题工具

几何学的产生，源于人们对土地面积的测量需要。这样的故事已经为人所熟知：在古埃及，尼罗河每年要泛滥一次。洪水给两岸的田地带来了肥沃的淤积泥土，但也抹掉了田地之间的界线标志。水退了，人们要重新画出田地的界线，就必须再次丈量、计算田地的面积。年复一年，人们就积累了最基本的几何知识。

这样，几何学从一开始便与面积结下了不解之缘。就连英语中的几何“geometry”的字头“geo -”，也含有“土地”之意。而且，面积很早就成为人们认识几何图形性质与证明几何定理的工具。

勾股定理，这个被誉为“几何的基石”的重要定理，它的被发现与被证明，不管是在中国，还是在古希腊，都与面积有关。

勾股定理说：**在直角三角形中，两直角边的平方之和等于斜边的平方**。而我国古代把直角三角形较短的直角边叫“勾”，较长的直角边叫“股”，斜边叫“弦”。于是，勾股定理便被叙述为：**勾方加股方等于弦方**。这也是勾股定理名称的由来。

勾股定理的证法，多达300余种。一个最古老的精彩证法，出自我国古代无名数学家之手。我们不妨来鉴赏一下：

**勾股定理证法之一**

如图4－1，4个同样大小的直角三角形的斜边，围成了一个正方形。它们的直角边，围成了一个更大的正方形。(为什么?)

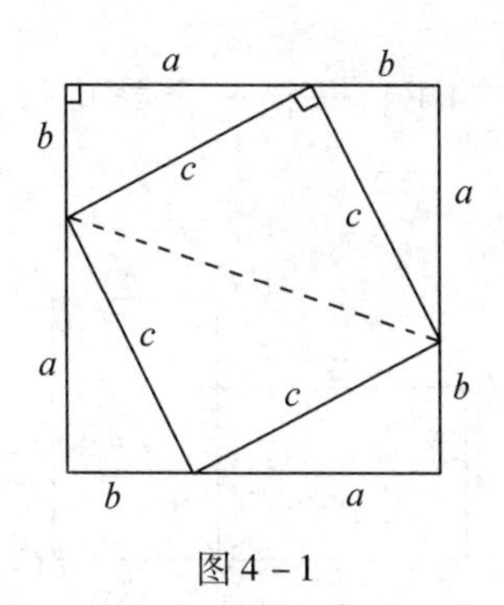


图4－1

由题意，大正方形面积

$$S_1=(a+b)^2,$$

小正方形面积

$$S_2=c^2,$$

而直角三角形面积

$$S_{\triangle}=\frac{1}{2}ab。$$

当然有

$$S_1=S_2+4S_{\triangle},$$

即

$$(a+b)^2=c^2+2ab。$$

展开整理之后，便得 $a^2+b^2=c^2$。 □

这种证明方法影响很广，变种极多。下面只介绍两个有趣而简捷的证法。

**勾股定理证法之二**

把两本大小一样的书，一横一竖并排放在一起，像图 4－2 那样。

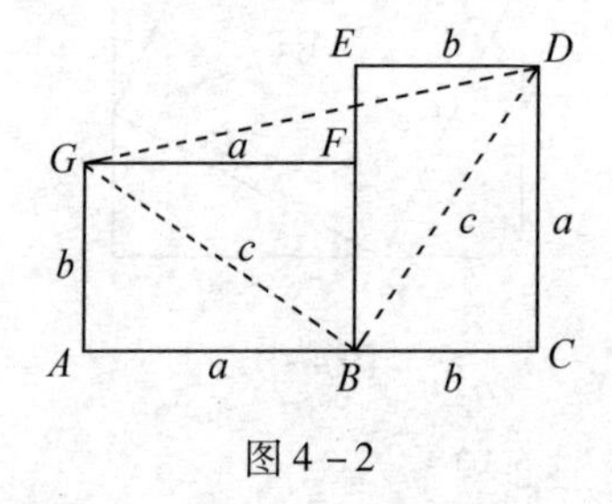


图 4－2

一方面，梯形 $ACDG$ 的面积，按梯形面积公式来算应当是

$$S_{ACDG}=\frac{1}{2}(AG+DC)\times AC=\frac{1}{2}(a+b)^2;$$

另一方面，这个梯形可以分割成 3 个三角形：$\triangle ABG$、$\triangle BCD$、$\triangle GBD$。我们注意到 $\angle GBD$ 是直角，便知道这 3 个三角形的面积顺

次是$\frac{1}{2}ab$、$\frac{1}{2}ab$、$\frac{1}{2}c^2$。因而得到

$$\frac{1}{2}(a+b)^2=\frac{1}{2}ab+\frac{1}{2}ab+\frac{1}{2}c^2,$$

整理一下，便是$a^2+b^2=c^2$。 □

这个证法是美国第20届总统加菲尔德的杰作。细心的读者会发现：把图4－1沿虚线剪掉一半，中国的古老证明就变成了加菲尔德的证明！

从图4－2的“两本书”还可以演化出一个更简捷的证明。

**勾股定理证法之三**

如图4－3，凹四边形$ACFE$可以分割成两个等腰直角三角形：$\triangle ABE$和$\triangle FBC$。两者的面积分别是$\frac{1}{2}a^2$和$\frac{1}{2}b^2$，即

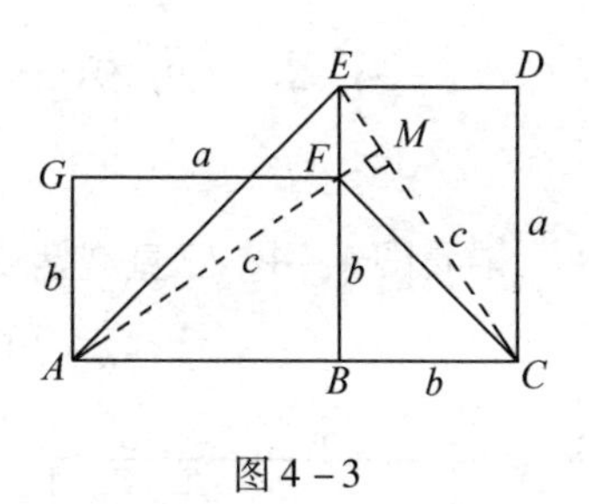

图4－3

$$S_{ACFE}=\frac{1}{2}a^2+\frac{1}{2}b^2。$$

另一方面，这个四边形又可以分割成$\triangle AFE$和$\triangle AFC$。前者面积等于$\frac{1}{2}AF\times EM$，后者面积等于$\frac{1}{2}AF\times MC$，这是因为直线$AF\perp CE$（为什么?），而点$M$是垂足。所以，

$$S_{ACFE}=\frac{1}{2}AF\times EM+\frac{1}{2}AF\times MC$$

$$=\frac{1}{2}AF\times CE$$

$$=\frac{1}{2}c^2,$$

立刻导出 $a^2+b^2=c^2$。 □

从勾股定理的这几个证法，可以归纳出面积方法的一个基本模式：用不同的办法求出同一块面积，得到一个等式，再从这个等式推出所要的结论。这很像列方程式解应用题。面积，把几何与代数沟通起来了。

## 4.2 面积——数学里的多面手

请看图 4－4，它直观地说明了恒等式

$$(a+b)^2=a^2+2ab+b^2。$$

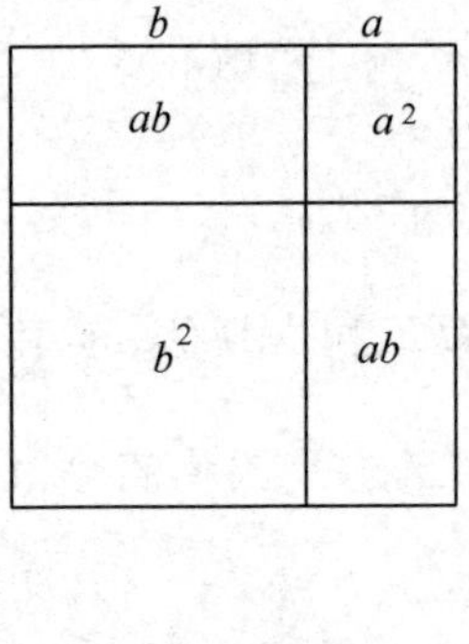

图 4－4

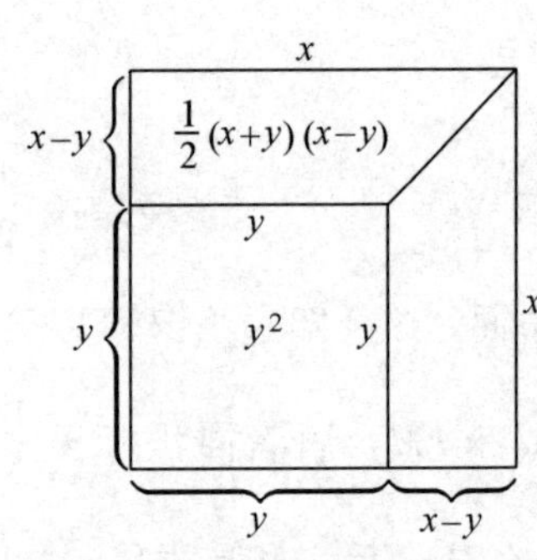


图 4－5

而图 4－5，则生动地告诉了我们另一个有用的恒等式

$$x^2-y^2=(x+y)(x-y)。$$

不是吗？大正方形 $x^2$ 去掉小正方形 $y^2$，得到两个梯形。每个梯形的面积恰好是 $\frac{1}{2}(x+y)(x-y)$。图 4－6 则明明白白地列出恒等式

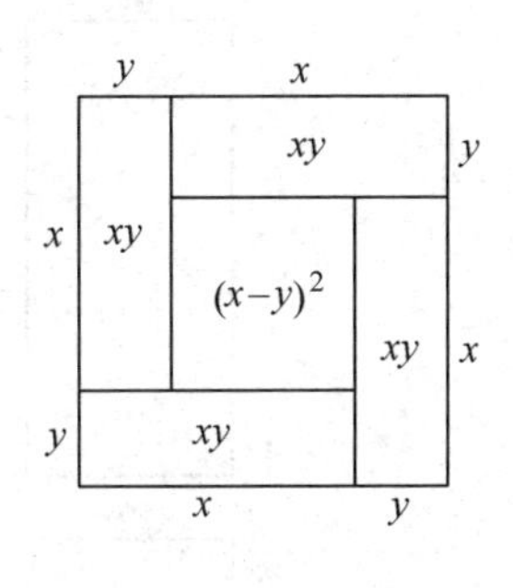


图 4－6

$$(x+y)^2-(x-y)^2=4xy。$$

因为 $(x-y)^2\geqslant 0$，顺便还得到不等式

$$(x+y)^2\geqslant 4xy。$$

化简后就是非常有用的不等式

$$x^2+y^2\geqslant 2xy。$$

刚才这几个例子比较初等，所以你也许会想，面积只能用来表示那些最简单的关系吧！现在看看图 4－7，一块阶梯形面积分成几个竖直的矩形，它的面积表示为

$$a_1b_1+a_2b_2+a_3b_3+a_4b_4。$$

如果分成几个水平的矩形，就成了

$$a_1(b_1-b_2)+(a_1+a_2)(b_2-b_3)+(a_1+a_2+a_3)(b_3-b_4)$$
$$+(a_1+a_2+a_3+a_4)b_4。$$

也就是说，

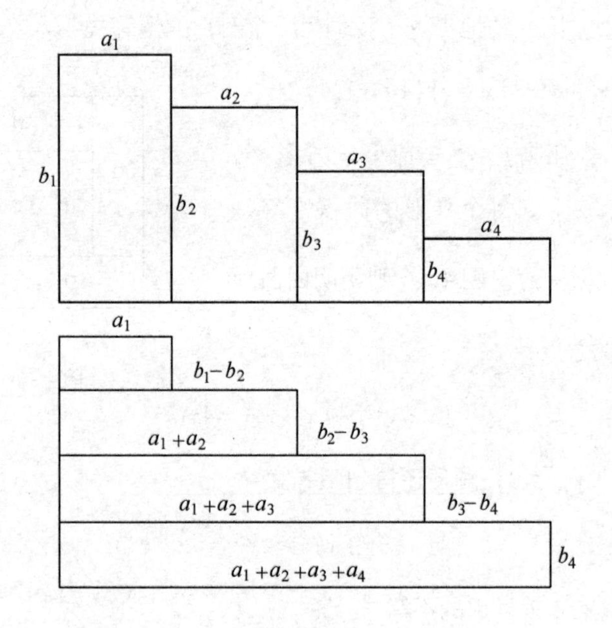


图 4－7

$$a_1b_1+a_2b_2+a_3b_3+a_4b_4=a_1(b_1-b_2)+(a_1+a_2)(b_2-b_3)$$
$$+(a_1+a_2+a_3)(b_3-b_4)+(a_1+a_2+a_3+a_4)b_4。$$

这不正是数学分析里研究级数时常用的“阿贝尔变换恒等式”吗?

熟悉高等数学的读者，不妨再来看看下面这个难度更大的例子。这是一道研究生入学试题。

**题：**求证不等式

$$\sqrt{\iint\limits_{x^2+y^2\leqslant\frac{4}{\pi}} e^{x^2+y^2}\,dxdy}<2\int_0^1 e^{x^2}\,dx。$$

我们容易想到把要证的不等式两边平方，转换成一个等价的不等式

$$\iint\limits_{x^2+y^2\leqslant\frac{4}{\pi}} e^{x^2+y^2}\mathrm{d}x\mathrm{d}y < 4\int_0^1 e^{x^2}\mathrm{d}x \cdot \int_0^1 e^{y^2}\mathrm{d}y = 4\int_0^1\int_0^1 e^{x^2+y^2}\mathrm{d}x\mathrm{d}y。$$

这里只要画出图来，问题便迎刃而解。如图 4 – 8，半径为 $\sqrt{\frac{4}{\pi}}$

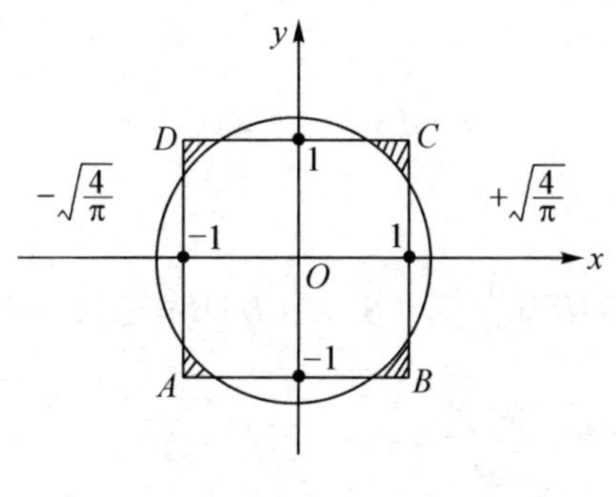


图 4 – 8

的圆的面积恰为 4，即等于正方形 *ABCD* 的面积。不等式左边是函数 $e^{x^2+y^2}$ 在圆域上的积分，而右边是同一个函数在正方形域 *ABCD* 上的积分。正方形有 4 个角域在圆外，而圆有 4 个弓形在正方形之外。当然，一个角域的面积正好等于一个弓形域的面积。因为函数 $e^{x^2+y^2}$ 关于 $x^2+y^2$ 递增，所以角域上的函数值至少是 $e^{\frac{4}{\pi}}$，而弓形域上函数值至多是 $e^{\frac{4}{\pi}}$。至此，水落石出。

面积还能用来说明三角恒等式或三角不等式。例如图 4 – 9 便说明了和化积恒等式：

$$\sin\alpha+\sin\beta=2\sin\frac{\alpha+\beta}{2}\cdot\cos\frac{\alpha-\beta}{2}。\qquad(4.2.1)$$

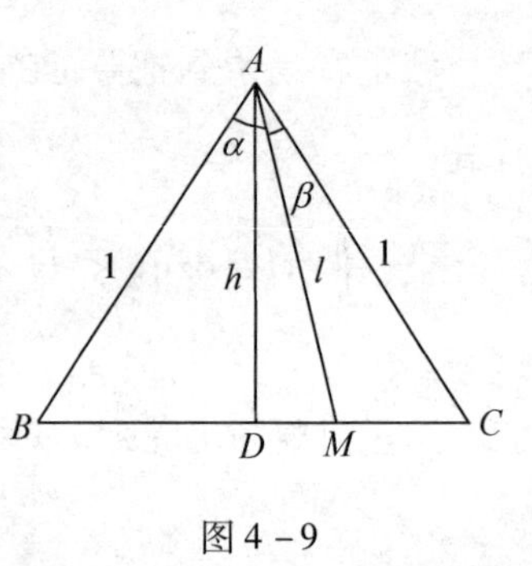

图 4－9

道理是这样的：设等腰三角形的顶角 $A=\alpha+\beta$，腰长为 1，底边上的高 $AD$ 为 $h$。在底边上取一点 $M$，连结 $AM$，设 $AM=l$，并使

$$\angle BAM=\alpha，\angle MAC=\beta。$$

不妨设 $\alpha\geqslant\beta$，则

$$\angle BAD=\frac{1}{2}(\alpha+\beta)，\angle DAM=\frac{1}{2}(\alpha-\beta)。$$

一方面，$\triangle ABC$ 的面积①是：

$$\triangle ABC=\triangle ABM+\triangle ACM=\frac{l}{2}(\sin\alpha+\sin\beta)。\qquad(4.2.2)$$

另一方面，

$$\begin{aligned}\triangle ABC&=\frac{1}{2}BC\times AD\\&=AB\sin\angle BAD\times l\cos\angle DAM\\&=l\sin\frac{\alpha+\beta}{2}\cos\frac{\alpha-\beta}{2}。\qquad(4.2.3)\end{aligned}$$

由（4.2.2）与（4.2.3），便可得恒等式（4.2.1）。

---

① 为简便，我们用记号 $\triangle ABC$ 同时表示 $\triangle ABC$ 的面积。

图 4－10 中，$OA$ 是以 $O$ 为圆心的单位圆的半径，$AD$ 是这个单位圆的切线，$OD$ 交圆 $O$ 于 $B$。一眼就能看出，扇形$\overset{\frown}{OAB}$的面积小于$\triangle OAD$ 而大于$\triangle OAB$。若用 $x$ 表示$\angle AOB$ 的弧度，有

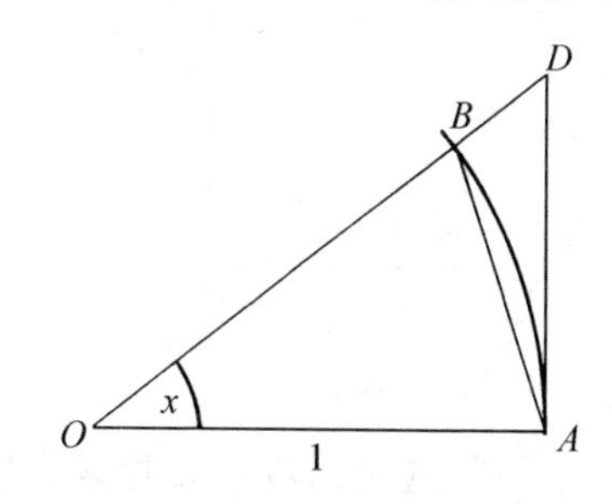


图 4－10

$$\triangle OAB=\frac{1}{2}\sin x，\ \triangle OAD=\frac{1}{2}\tan x。$$

而扇形$\overset{\frown}{OAB}$的面积是$\frac{1}{2}x$，于是马上得到不等式：

$$\sin x<x<\tan x \quad \left(0<x<\frac{\pi}{2}\right)。$$

这个不等式一般被用来推导重要的极限

$$\lim_{x\to 0}\frac{\sin x}{x}=1。$$

如果说不等式 $\sin x<x<\tan x$ 太普通的话，我们再来看一个较不平凡的不等式。

**题：** 如果 $0<x_2<x_1<\frac{\pi}{2}$，求证：

$$\frac{\tan x_1}{x_1}>\frac{\tan x_2}{x_2}。$$

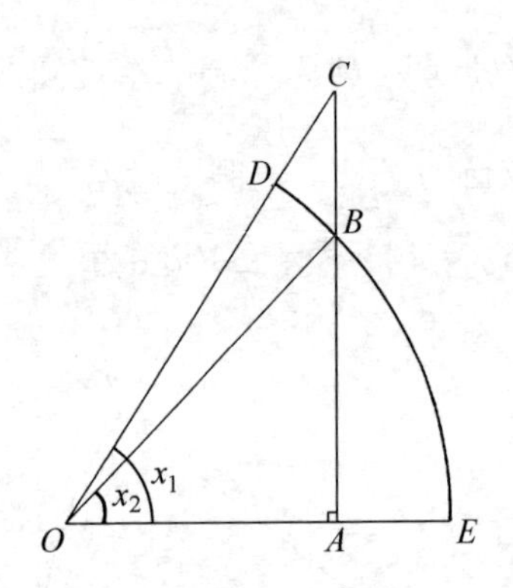


图 4 - 11

图 4 - 11 就是这个不等式的解释。设直角三角形 $OAC$ 中 $\angle A=90^\circ$，$\angle COA=x_1$。在 $AC$ 上取 $B$，$\angle BOA=x_2$。以 $O$ 为圆心，$OB$ 为半径作圆，交 $OC$ 于 $D$，交 $OA$ 的延长线于 $E$，则得

$$\frac{\tan x_1}{\tan x_2}=\frac{\triangle OAC}{\triangle OAB}=1+\frac{\triangle OBC}{\triangle OAB}>1+\frac{\text{扇形}\overset{\frown}{OBD}\text{面积}}{\text{扇形}\overset{\frown}{OEB}\text{面积}}$$

$$=1+\frac{x_1-x_2}{x_2}=\frac{x_1}{x_2}。 \qquad \square$$

在解析几何里，面积也能帮上忙。

图 4 - 12 画的是直角坐标系里的一条直线 $l$，它交 $x$、$y$ 轴于 $A(a,\ 0)$ 和 $B(0,\ b)$。取 $l$ 上一点 $M(x,\ y)$，有

$$\triangle OBM+\triangle OAM=\triangle OAB,$$

也就是

$$\frac{1}{2}bx+\frac{1}{2}ay=\frac{1}{2}ab。$$

两边同时除以$\frac{1}{2}ab$，得到

$$\frac{x}{a}+\frac{y}{b}=1。$$

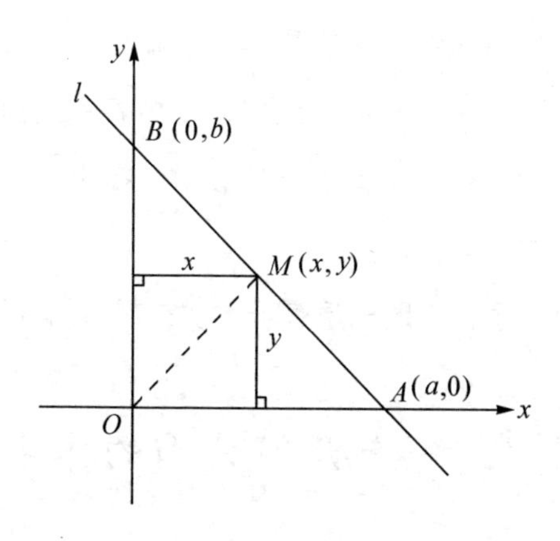


图 4－12

这不就是 $l$ 的“截距式”吗?

用不着列举更多的例子了。

利用面积，我们可以建立面积坐标，自然地进入解析几何。而面积坐标，本质上已包含了笛卡儿坐标、仿射坐标、射影坐标，这就为学习更高深的几何埋下了伏笔。

学会了计算多边形和圆的面积，自然会想到去计算曲线包围的图形的面积。这就会引出极限概念，引出定积分概念，自然而然地就把学生带进了高等数学的大门。此外，微积分里用得最多的三角

函数与对数函数（指数函数），都可以用面积给出易于理解又便于推导的定义。

在高等数学中，面积以各种形式出现。面积是积分，是测度，是外微分形式，是向量的外积，也是行列式。

抓住面积，从小学到大学的数学内容就可以一线相串。抓住面积，结合代数与三角来展开初等几何，就极有希望提供一种比传统几何教材更易学、更生动丰富的几何教材，提供一种足以和欧几里得体系争夺课堂的几何教材。

丰富的素材有了，主题思想有了，现在需要的就是具体的结构。

## 4.3　一个开门见山的体系

小学生都知道，矩形面积等于长乘宽，即 $S=ab$。这个公式是由图 4－13 直观得到的。

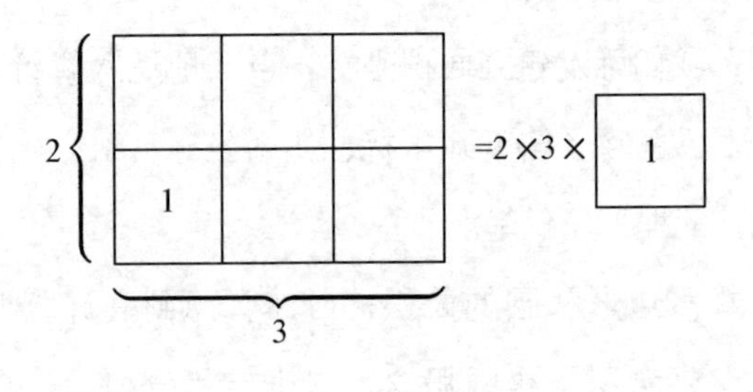


图 4－13

设想上图是用木条和钉子做成的框架。一不小心，框架变斜了（如图4－14），于是矩形变成了平行四边形，小正方形变成了小菱形，面积公式也就变成了如下形式：

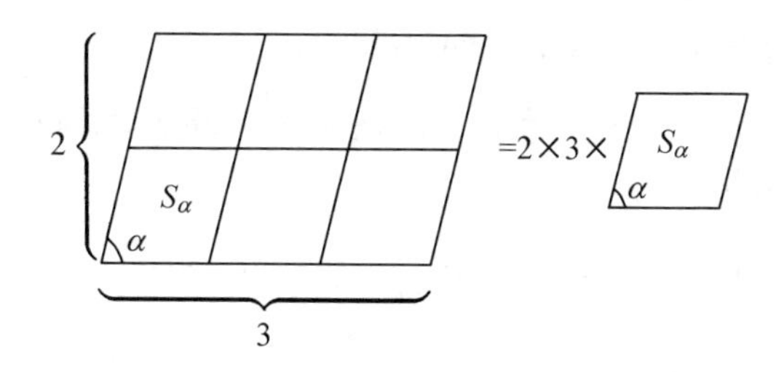


图4－14

图中的 $S_\alpha$ 代表一个边长为1、夹角为 $\alpha$ 的小菱形的面积，我们所要讲的这个体系，就靠这个小菱形起家。

**定义4.3.1** 边长为1，有一个角为 $\alpha$ 的菱形的面积，叫做角 $\alpha$ 的正弦，记作 $\sin\alpha=S_\alpha$。当 $\alpha$ 为0°或180°时，$\sin\alpha=0$。

用这种办法，我们可以单刀直入地引入正弦三角函数的直观定义。虽然这样定义有点古怪，但用起来很方便。由于把正弦规定为一个确定的面积，而不是难以捉摸的“比”，这个定义就会容易理解一些。

按定义，我们马上可以导出正弦函数的基本性质。

**正弦基本性质1** 对于 $0°\leqslant\alpha\leqslant180°$，$\sin\alpha$ 有定义且非负，仅当 $\alpha=0°$ 或 $\alpha=180°$ 时，才有 $\sin\alpha=0$。

**正弦基本性质 2**　$\sin 90° = 1$。

这是因为，按定义，$\sin 90°$不过是边长为 1 的正方形的面积。如果按现行的定义，用直角三角形的边比来定义正弦，$\sin 90° = 1$ 是一个颇难理解的性质。

**正弦基本性质 3**　$\sin \alpha = \sin(180° - \alpha)$。

理由是菱形中有两角互补，而按定义，$\sin \alpha$ 和 $\sin(180° - \alpha)$ 恰好是同一个菱形的面积。

这后两条基本性质可以直观地用图 4－15 表示出来。

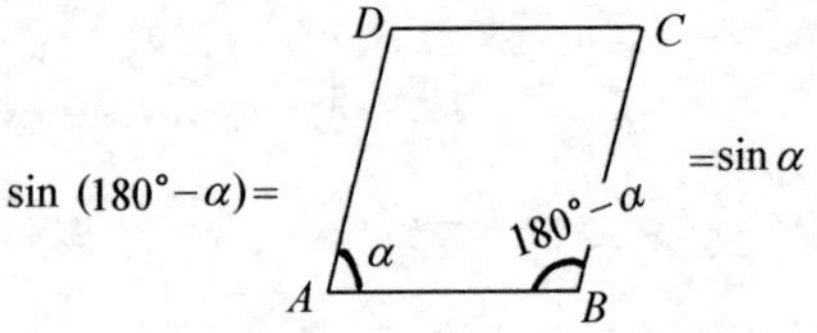

图 4－15

将图 4－14 与长方形面积公式的直观推导作类比，可以得到平行四边形面积公式。

**平行四边形面积公式**　若平行四边形 $ABCD$ 中 $\angle A = \alpha$，$AB = a$，$AD = b$，则平行四边形面积为

$$\square ABCD = AB \cdot AD\sin A = ab\sin \alpha。$$

把任意三角形看成半个平行四边形，就有了一个三角形面积公式。

**三角形面积公式** 对任意$\triangle ABC$，有

$$\triangle ABC=\frac{1}{2}bc\sin A=\frac{1}{2}ac\sin B=\frac{1}{2}ab\sin C。\text{①} \qquad (4.3.1)$$

别小看这个公式，它可是我们几何新城市的交通中心呢！

为什么选它做中心？第一，平面几何里有3个最重要的度量：长度、角度和面积，这个公式把三者联系起来了；第二，三角形是平面几何的基本图形，所以这个公式处处能用；第三，这个公式还可以有广义的解释，有丰富的内涵。

这最后一点可以用下面两个命题来说明。

**命题4.3.1** 在$\triangle ABC$中，设$BC=a$。在直线$BC$上任取一点$P$，设$AP=b^*$，$AP$与$BC$所成角为$C^*$（锐角或钝角任取其一），则有

$$\triangle ABC=\frac{1}{2}ab^*\sin C^*。$$

**证明**：如图4－16，有3种情形。情形(1)可用三角形面积公式：

$$\begin{aligned}\triangle ABC&=\triangle ABP+\triangle APC\\&=\frac{1}{2}AP\cdot BP\sin C^*+\frac{1}{2}AP\cdot CP\sin C^*\\&=\frac{1}{2}AP(BP+CP)\sin C^*\end{aligned}$$

① 按惯例，我们用小写字母$a$、$b$、$c$顺次表示$\triangle ABC$中$A$、$B$、$C$3个角的对边之长。

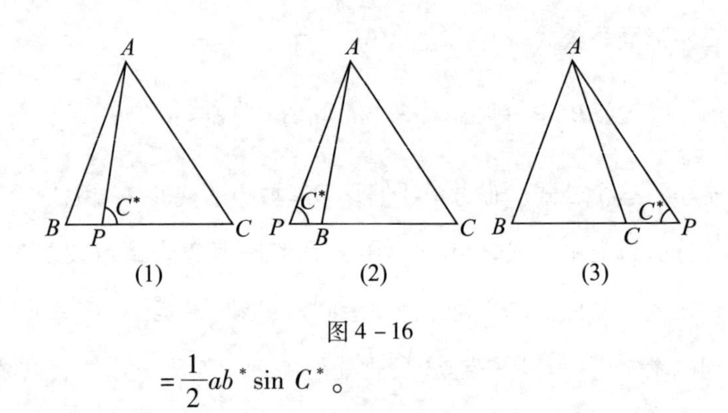


图 4－16

$$=\frac{1}{2}ab^*\sin C^*。$$

至于情形（2），可用

$$\triangle ABC=\triangle APC-\triangle APB$$

推导。情形（3）可由

$$\triangle ABC=\triangle ABP-\triangle ACP$$

推出。

命题 4. 3. 1 通常叫做斜高公式。线段 $AP$ 叫做$\triangle ABC$ 在 $BC$ 边上的一条斜高。

我们进一步考虑：如果 $P$ 点不在直线 $BC$ 上，那又有什么结论呢?

**命题 4. 3. 2**　设 $ABPC$ 是对边互不相交的四边形，对角线 $BC=a$，$AP=b^*$。直线 $AP$ 与 $BC$ 的交角（锐角或钝角任取其一）及交点都记为 $C^*$，则有四边形 $ABPC$ 的面积

$$S_{ABPC}=\frac{1}{2}ab^*\sin C^*。$$

**证明**：如图4－17，此题分成凸四边形和凹四边形两种情形。凸四边形可用等式

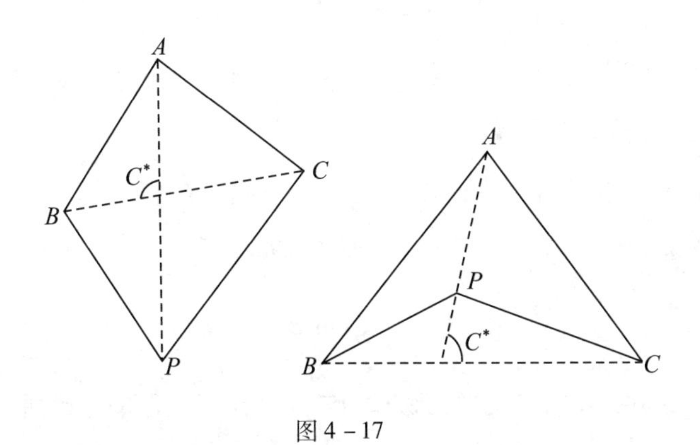


图4－17

$$S_{\text{凸四边形}ABPC}=\triangle ABC+\triangle PBC$$
$$=\frac{1}{2}BC\cdot AC^*\sin C^*+\frac{1}{2}BC\cdot PC^*\sin C^*$$
$$=\frac{1}{2}BC(AC^*+PC^*)\sin C^*$$
$$=\frac{1}{2}ab^*\sin C^*。$$

至于凹四边形，可用等式

$$S_{\text{凹四边形}ABPC}=\triangle ABC-\triangle PBC$$

作类似的推导。 □

现在，让我们从交通中心出发，迅速到达几个重要的车站。

把三角形面积公式（4.3.1）各项同除以$\frac{1}{2}abc$，立刻得到：

**正弦定理** 在任意$\triangle ABC$中，有

$$\frac{\sin A}{a}=\frac{\sin B}{b}=\frac{\sin C}{c}=\frac{2\triangle ABC}{abc}。$$

这个定理的用处之大是众所周知的。在我们这个系统中，起步之后两三个逻辑环节就得到了它。

在公式（4.3.1）中取$\angle C=90°$，利用$\sin C=1$，便得：

**命题 4.3.3** 在$\triangle ABC$中，若$\angle C=90°$，则

$$\sin A=\frac{a}{c},\ \sin B=\frac{b}{c}。$$

这表明，我们定义的正弦和通常用直角三角形的边比所定义的正弦是一致的。不过，我们同时还给出了钝角的正弦定义。

为了充分发挥正弦的作用，正弦加减法定理被及时引入。

**命题 4.3.4** 当$0°\leqslant\beta\leqslant\alpha\leqslant 90°$时，有正弦加法定理和正弦减法定理成立：

$$\sin(\alpha+\beta)=\sin\alpha\sin(90°-\beta)+\sin\beta\sin(90°-\alpha),\tag{4.3.2}$$

$$\sin(\alpha-\beta)=\sin\alpha\sin(90°-\beta)-\sin\beta\sin(90°-\alpha)。\tag{4.3.3}$$

**证明**：如图 4－18，设$\angle BAD=\alpha$，$\angle CAD=\beta$，$AD\perp BC$，由$\triangle ABC=\triangle \mathrm{I}+\triangle \mathrm{II}$，并用三角形面积公式代入，得

$$\frac{1}{2}bc\sin(\alpha+\beta)=\frac{1}{2}ch\sin\alpha+\frac{1}{2}bh\sin\beta。$$

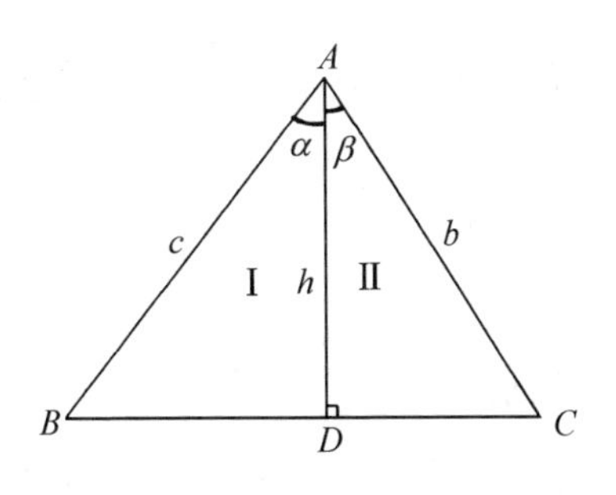


图 4－18

两边同除以$\frac{1}{2}bc$，得

$$\sin(\alpha+\beta)=\frac{h}{b}\sin\alpha+\frac{h}{c}\sin\beta$$
$$=\sin C\sin\alpha+\sin B\sin\beta$$
$$=\sin(90°-\beta)\sin\alpha+\sin(90°-\alpha)\sin\beta。$$

这就证明了（4.3.2）式。

要想得到正弦减法定理，来看图 4－19 的情形。这里 $\triangle \text{I}=\triangle APC-\triangle BPC$，$\angle APC=\alpha$，$\angle BPC=\beta$，则有：

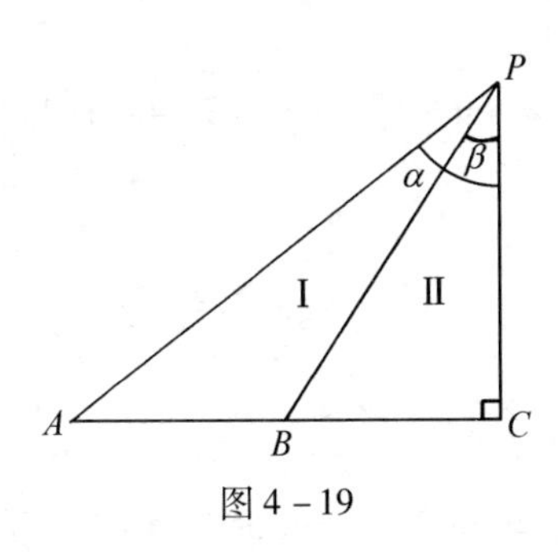


图 4－19

$$\frac{1}{2}PA \cdot PB\sin(\alpha-\beta)=\frac{1}{2}PA \cdot PC\sin\alpha-\frac{1}{2}PB \cdot PC\sin\beta。$$

两边同除以$\frac{1}{2}PA \cdot PB$，得

$$\begin{aligned}\sin(\alpha-\beta)&=\frac{PC}{PB}\sin\alpha-\frac{PC}{PA}\sin\beta\\&=\sin(90^\circ-\beta)\cdot\sin\alpha-\sin(90^\circ-\alpha)\cdot\sin\beta,\end{aligned}$$

即（4.3.3）式。 □

通常教材上证明正弦和角公式时，不仅方法复杂难记，而且限制$\alpha+\beta\leqslant 90^\circ$。这里仅要求$\alpha$、$\beta$分别不超过$90^\circ$；如超过，式中出现的$90^\circ-\alpha$、$90^\circ-\beta$便没有意义了。

在（4.3.2）式中取$\alpha=\beta=30^\circ$，便得

$$\sin 60^\circ=\sin 30^\circ\cdot\sin 60^\circ+\sin 30^\circ\cdot\sin 60^\circ,$$

由此解出

$$\sin 30^\circ=\frac{1}{2}。$$

又取$\alpha=\beta=45^\circ$，得

$$1=\sin 90^\circ=\sin^2 45^\circ+\sin^2 45^\circ,$$

解出

$$\sin 45^\circ=\frac{\sqrt{2}}{2}。$$

再取$\alpha=30^\circ$，$\beta=60^\circ$，则有

$$1=\sin 90^\circ=\sin^2 30^\circ+\sin^2 60^\circ。$$

将 $\sin 30^\circ = \dfrac{1}{2}$ 代入后得

$$\sin 60^\circ = \frac{\sqrt{3}}{2}。$$

几个特殊角的正弦值便轻而易举地得到了。

在（4.3.2）式中，我们取 $\alpha + \beta = 90^\circ$，可立刻得到重要的命题。

**正弦的勾股关系**　若 $\alpha + \beta = 90^\circ$，则

$$\sin^2\alpha + \sin^2\beta = 1,$$

或简单地写作

$$\sin^2\alpha + \sin^2(90^\circ - \alpha) = 1。\qquad (4.3.4)$$

再利用命题4.3.3，又得到了

**勾股定理**　在直角三角形 $ABC$ 中，斜边的平方等于另两边平方之和，即 $a^2 + b^2 = c^2$。

我们从（4.3.2）、（4.3.3）、（4.3.4）中看到：当研究一个角 $\alpha$ 的正弦时，不可避免地要牵涉到另一个角 $90^\circ - \alpha$ 的正弦，而 $\alpha$ 与 $90^\circ - \alpha$ 互为余角。这样，为"余角的正弦"创设一个新符号将十分方便，余弦应运而生：

**定义 4.3.2**　一个角 $\alpha$ 的余角的正弦，叫做 $\alpha$ 的余弦，记作 $\cos\alpha$。具体地约定

$$\cos\alpha = \begin{cases} \sin(90^\circ - \alpha) & (0^\circ \leqslant \alpha \leqslant 90^\circ), \\ -\sin(\alpha - 90^\circ) & (90^\circ < \alpha \leqslant 180^\circ)。\end{cases}$$

这样，我们给 $0^\circ$ 到 $180^\circ$ 之间的 $\alpha$ 角定义了余弦。有了余弦，正

弦加法定理和减法定理就可以写成众所周知的形式了：

$$\begin{cases}\sin(\alpha+\beta)=\sin\alpha\cos\beta+\cos\alpha\sin\beta,\\ \sin(\alpha-\beta)=\sin\alpha\cos\beta-\cos\alpha\sin\beta。\end{cases}\tag{4.3.5}$$

而正弦的勾股关系也可以写成

**勾股关系** $\sin^2\alpha+\cos^2\alpha=1$。

从（4.3.5）式出发，可以建立余弦和差定理、正弦与余弦的和差化积公式、倍角公式、半角公式等一套三角恒等式。

至于正切和余切，当然可以用正弦和余弦之比来定义。在必要时（例如做有关圆的切线的计算时），随时可以做这件事。

重要的是还得建立余弦定理。当然，有了勾股定理，这是很容易的。但是，我们能不能借助于面积关系，给出不依赖勾股定理的更直接的证明呢？下面就提供两种方法。在第六章的第5节中，将给出另一种证法。

**余弦定理** 在任意$\triangle ABC$中，有恒等式

$$\begin{cases}a^2=b^2+c^2-2bc\cos A,\\ b^2=a^2+c^2-2ac\cos B,\\ c^2=a^2+b^2-2ab\cos C。\end{cases}$$

**证明**：只要证明3个等式中的一个就可以了。

请看图4－20（1），$\triangle ABC$是具有钝角或直角$C$的三角形。让

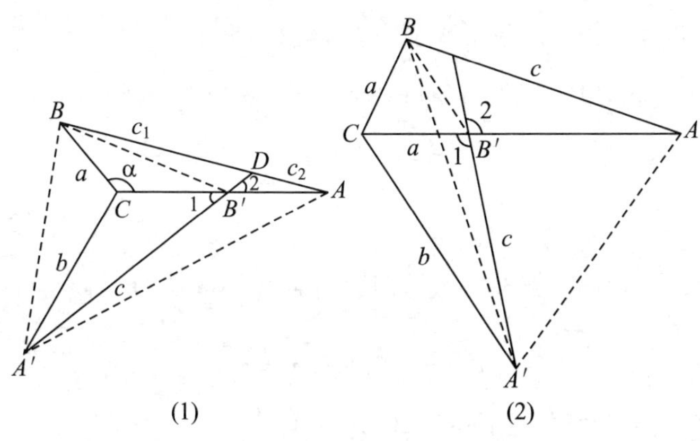


图 4 – 20

$\triangle ABC$ 绕顶点 $C$ 顺时针旋转一个角度 $\alpha$，使 $\alpha = \angle C$，会出现和它全等的$\triangle A'B'C$。设直线 $AB$ 与$A'B'$交于 $D$，注意到$\angle 1 = \angle 2$、$\angle A = \angle A'$，故有$\angle ADA' = \angle C$。

从图 4 – 20（1）直接可以看出

$$\triangle BCB' + \triangle ACA' + \triangle BCA' = \triangle BB'A' + \triangle AB'A'。$$

利用三角形面积公式，上式可写成

$$\frac{1}{2}a^2\sin C + \frac{1}{2}b^2\sin C + \frac{1}{2}ab\sin 2(180° - C)$$

$$= \frac{1}{2}cc_1\sin(180° - C) + \frac{1}{2}cc_2\sin C$$

$$= \frac{1}{2}c(c_1 + c_2)\sin C$$

$$= \frac{1}{2}c^2\sin C。 \tag{4.3.6}$$

利用二倍角公式（正弦加法定理取 $\alpha=\beta$ 可得）

$$\sin 2(180^\circ - C)=2\sin(180^\circ - C)\cos(180^\circ - C) = -2\sin C\cos C。 \tag{4.3.7}$$

把(4.3.7)式代入(4.3.6)式，两边同除以 $\frac{1}{2}\sin C$，即得

$$a^2+b^2-2ab\cos C=c^2。$$

当 $C$ 为锐角时，如图 4－20(2)，有

$$\triangle BCB'+\triangle ACA'-\triangle BCA'=\triangle BB'A'+\triangle AB'A'。$$

如法炮制，不再赘述。□

这样证明余弦定理，好处是直观性强，把余弦定理中的每一项都用面积表示出来了，而且允许勾股定理成为特例。

如果让 $\triangle ABC$ 绕 $C$ 点旋转 $90^\circ$，也可以证出来，而且不用倍角公式，也不用同除以 $\sin C$。如图 4－21（1），$\triangle ABC$ 中 $\angle C\geqslant 90^\circ$。注意到 $\angle 1=\angle 2$、$\angle A=\angle A'$，故 $AB\perp A'B'$，于是

$$\triangle BA'B'+\triangle AA'B' = \triangle BCB'+\triangle ACA'+\triangle BCA'+\triangle ACB'。$$

记 $D$ 为 $AB$、$A'B'$ 交点，使用三角形面积公式后得

$$\frac{1}{2}c\cdot BD+\frac{1}{2}c\cdot AD = \frac{1}{2}a^2+\frac{1}{2}b^2+\frac{1}{2}ab\sin[180^\circ-(C-90^\circ)]+\frac{1}{2}ab\sin(C-90^\circ)。$$

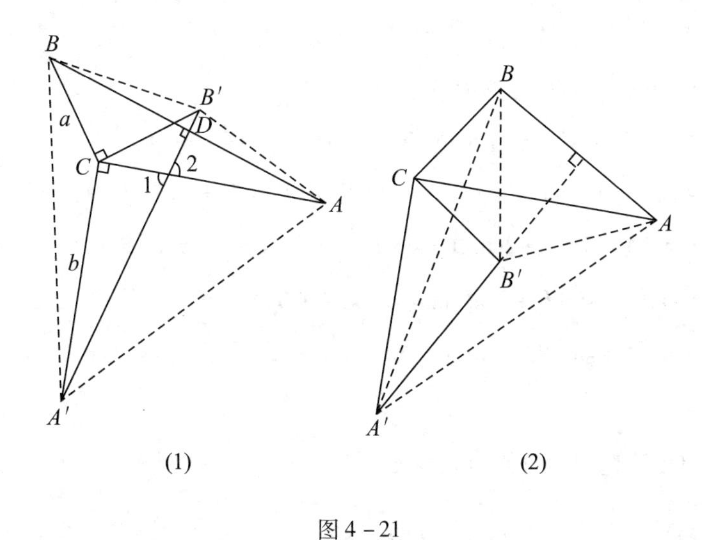


图 4－21

整理后两边乘 2，就是

$$c^2 = a^2 + b^2 - 2ab\cos C。$$

锐角情形如图 4－21(2)。$\triangle ABC$ 中 $\angle C$ 为锐角，让 $\triangle ABC$ 绕 $C$ 顺时针旋转 90°，得 $\triangle A'B'C$。这时

$$\triangle BA'B' + \triangle AA'B'$$

$$= \triangle BCB' + \triangle ACA' - \triangle BCA' - \triangle ACB',$$

使用面积公式并加以整理，可得到同样结果。 □

上面用了相当长的篇幅，介绍余弦定理的证法。其实“醉翁之意不在酒”，目的是想要说明面积方法的灵活运用。如果仅仅为了证明余弦定理，就连图也不必画。事实上，对 $\triangle ABC$ 有：

$\sin^2 C$

$$
\begin{aligned}
&= \sin^2(A+B) \\
&= (\sin A\cos B + \cos A\sin B)^2 \\
&= \sin^2 A\cos^2 B + 2\sin A\sin B\cos A\cos B + \cos^2 A\sin^2 B \\
&= \sin^2 A(1-\sin^2 B) + 2\sin A\sin B\cos A\cos B + (1-\sin^2 A)\sin^2 B \\
&= \sin^2 A + \sin^2 B + 2\sin A\cdot\sin B(\cos A\cos B - \sin A\cdot\sin B) \\
&= \sin^2 A + \sin^2 B + 2\sin A\sin B\cos(A+B) \\
&= \sin^2 A + \sin^2 B - 2\sin A\cdot\sin B\cdot\cos C。
\end{aligned}
\tag{4.3.8}
$$

再利用正弦定理，可知有正数 $k$，

$$\frac{\sin A}{a} = \frac{\sin B}{b} = \frac{\sin C}{c} = k > 0。$$

$$\therefore \quad \sin A = ka,\ \sin B = kb,\ \sin C = kc。$$

代入（4.3.8）式，约去 $k$，即得余弦定理。 □

这种证法，用到了正弦加法定理和余弦加法定理，正弦与余弦之间的勾股关系，以及正弦定理。其优点是具有代数的简洁性与普遍性。

对比之下，图 4－21 的证法所要求的预备知识最少。

有了正弦定理和余弦定理，欧氏体系中的基本工具——全等三角形与相似三角形的判定定理唾手可得。虽然这些判定定理在我们的体系中所起的作用不大，但可作为辅助工具。

**全等三角形的判定**

(1)（边、边、边）设 $\triangle ABC$ 与 $\triangle A'B'C'$ 的 3 边对应相等，即

$a=a'$，$b=b'$，$c=c'$，则$\triangle ABC\cong\triangle A'B'C'$。

**证明**：只要证明$\angle A=\angle A'$，$\angle B=\angle B'$，$\angle C=\angle C'$就可以了。用余弦定理得

$$\cos C=\frac{a^2+b^2-c^2}{2ab}=\frac{a'^2+b'^2-c'^2}{2a'b'}=\cos C',$$

这表明$\angle C=\angle C'$。同理$\angle A=\angle A'$，$\angle B=\angle B'$。

(2)（边、角、边）在$\triangle ABC$与$\triangle A'B'C'$中，若$a=a'$，$b=b'$，$\angle C=\angle C'$，则$\triangle ABC\cong\triangle A'B'C'$。

**证明**：由余弦定理可知

$$c^2=a^2+b^2-2ab\cos C=a'^2+b'^2-2a'b'\cos C'=c'^2,$$

故$c=c'$。再用“边、边、边”判定法。

(3)（角、边、角）已知在$\triangle ABC$与$\triangle A'B'C'$中，$\angle A=\angle A'$，$\angle B=\angle B'$，$c=c'$，则$\triangle ABC\cong\triangle A'B'C'$。

**证明**：显然$\angle C=\angle C'$。由正弦定理

$$\begin{cases}\dfrac{a}{\sin A}=\dfrac{b}{\sin B}=\dfrac{c}{\sin C},\\ \dfrac{a'}{\sin A'}=\dfrac{b'}{\sin B'}=\dfrac{c'}{\sin C'};\end{cases}$$

两式相比得

$$\frac{a}{a'}=\frac{b}{b'}=\frac{c}{c'}。$$

由$c=c'$，便知$a=a'$和$b=b'$。

(4)(角、角、边)略。

**相似三角形的判定**

(1)(边、边、边)若$\triangle ABC$和$\triangle A'B'C'$的对应边成比例，则$\triangle ABC\backsim\triangle A'B'C'$。

**证明**：设$\frac{a}{a'}=\frac{b}{b'}=\frac{c}{c'}=k$，则

$$\cos C=\frac{a^2+b^2-c^2}{2ab}=\frac{k^2(a'^2+b'^2-c'^2)}{k^2(2a'b')}=\cos C',$$

于是$\angle C=\angle C'$。同理$\angle A=\angle A'$，$\angle B=\angle B'$。

(2)(边、角、边)若$\triangle ABC$和$\triangle A'B'C'$有一对对应角相等，且此角的夹边对应成比例，则$\triangle ABC\backsim\triangle A'B'C'$。

**证明**：设$\angle C=\angle C'$，且$\frac{a}{a'}=\frac{b}{b'}=k$，则

$$\begin{aligned}c^2&=a^2+b^2-2ab\cos C\\&=k^2(a'^2+b'^2-2a'b'\cos C')\\&=k^2c'^2,\end{aligned}$$

故得

$$\frac{c}{c'}=k=\frac{a}{a'}=\frac{b}{b'},$$

即知两三角形相似。

(3)(角、角)若$\triangle ABC$与$\triangle A'B'C'$有两对对应角相等，则$\triangle ABC\backsim\triangle A'B'C'$。

**证明**：设$\angle A=\angle A'$，$\angle B=\angle B'$，则$\angle C=\angle C'$。由正弦定理

$$\begin{cases}\dfrac{a}{\sin A}=\dfrac{b}{\sin B}=\dfrac{c}{\sin C},\\[2ex]\dfrac{a'}{\sin A'}=\dfrac{b'}{\sin B'}=\dfrac{c'}{\sin C'};\end{cases}$$

两式相比得

$$\frac{a}{a'}=\frac{b}{b'}=\frac{c}{c'},$$

即知两三角形相似。 □

至此为止，平面几何里最基本的部分——三角形的研究，已经粗具规模了。

我们以上进行的推理，逻辑结构是比较简单的。基本出发点是两条：

一条是三角形面积公式 $\triangle ABC=\frac{1}{2}ab\sin C$。它是用直观类比的方法从矩形面积公式演变而来的。这个演变过程是不严密的，但在获得了所要的公式之后，进一步的推演便是一板一眼的了。

另一条是三角形内角和为 180°。我们在推导正弦加法定理和余弦定理时用到它，推导全等三角形和相似三角形的判定定理也用到它，将来推导圆周角定理还要用到它。这是一条重要的基本定理，可以从三角形面积公式推出来。这一点，我们将在下一节论述。但是，也许直接承认“平行线的同位角判定法”，在教育实践中更为可取，正如目前中学几何教材中所做的那样。

逻辑结构图示如下：

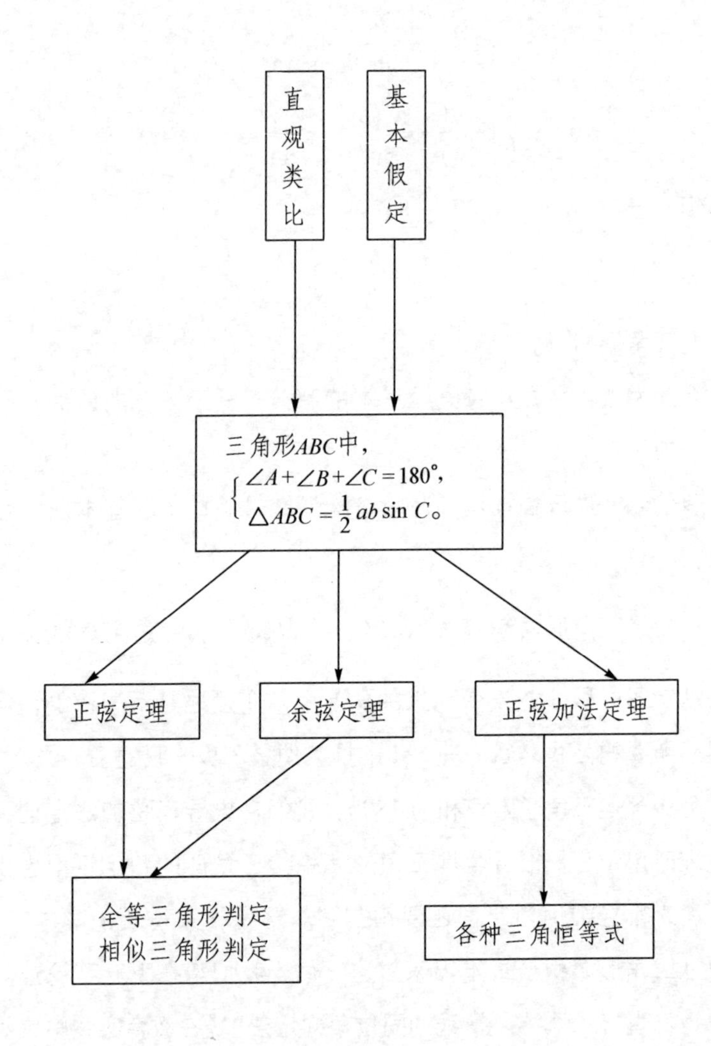
直观类比
基本假定
三角形$ABC$中，
$\begin{cases}\angle A+\angle B+\angle C=180^\circ, \\ \triangle ABC=\frac{1}{2}ab\sin C。\end{cases}$
正弦定理
余弦定理
正弦加法定理
全等三角形判定
相似三角形判定
各种三角恒等式

# 4.4　面积公式$\triangle ABC=\frac{1}{2}ab\sin C$

## ——解题利器

在目前各种通用几何教材中，三角形面积公式

$$\triangle ABC=\frac{1}{2}bc\sin A=\frac{1}{2}ac\sin B=\frac{1}{2}ab\sin C$$

是一个微不足道的小角色。但当我们起用它之后，会发现这个“小角色”是那样重要——它几乎担当起逻辑体系中心的重任。事实表明，平面几何的几乎全部信息，都浓缩在这个平凡的公式里了。

值得注意的是，这个小小的公式不但是平面几何中逻辑推理的基础，同时也是直接参与解题的有力工具。把它与“三角形内角和定理”配合起来，能解决大量的平面几何问题。引进这个公式之后，即使在逻辑上暂不继续展开，也会使学生们大开眼界，对几何学习产生浓厚的兴趣。

我们用例题来说明这个公式的广泛应用。

**[例 4.4.1]**　试证明在$\triangle ABC$中，若$\angle A=\angle B$，则$a=b$。

**证明**：因为$\triangle ABC=\frac{1}{2}ac\sin B=\frac{1}{2}bc\sin A$，

故
$$a\sin B=b\sin A。\tag{4.4.1}$$

于是由$\sin A=\sin B$得$a=b$。 □

这是一个很平常的题目，但这种证法比用全等三角形方法利落得多。

[**例 4.4.2**]　若 $0° \leqslant \beta < \alpha$，且 $\alpha + \beta < 180°$，求证：

$$\sin \beta < \sin \alpha。$$

**证明**：如图 4－22，$\triangle ABC$ 是顶角为 $\alpha - \beta$ 的等腰三角形。由 $\alpha + \beta < 180°$，可在底边 $CB$ 延长线上取一点 $D$，使 $\angle DAB = \beta$，则 $\triangle DAC > \triangle DAB$。用面积公式代入：

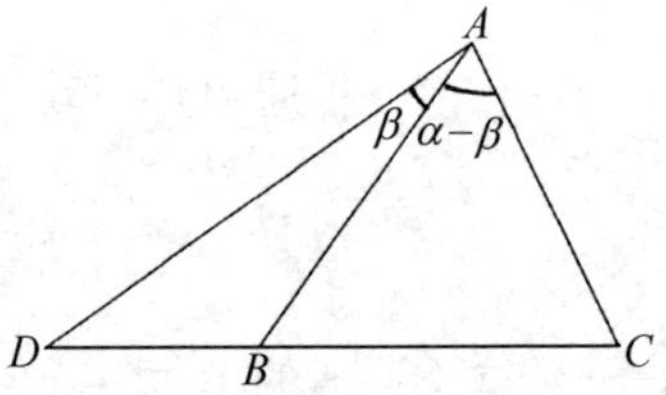

图 4－22

$$\frac{1}{2}AD \cdot AC\sin \alpha > \frac{1}{2}AD \cdot AB\sin \beta。$$

由 $AB = AC$，即得 $\sin \alpha > \sin \beta$。 □

锐角正弦的递增性是一条重要性质。不少教材中仅仅是描述了这条性质，这里用面积法给出一个直观而严谨的证明。

[**例 4.4.3**]　在 $\triangle ABC$ 中，已知 $a > b$，求证：$\angle A > \angle B$。

**证明**：用反证法。如果 $\angle A > \angle B$ 不成立，则 $\angle A \leqslant \angle B$。以下分 $\angle A = \angle B$、$\angle A < \angle B$ 两种情形讨论。

若 $\angle A = \angle B$，则 $\sin A = \sin B$。由（4.4.1）式得 $a = b$，这与假设 $a > b$ 矛盾。

若 $\angle A < \angle B$，$\angle A + \angle B < 180°$，用例 4.4.2 的结果，得 $\sin A < \sin B$，由（4.4.1）式得 $a < b$，与假设 $a > b$ 矛盾。

**[例 4.4.4]** 如图4－23，设$\triangle ABC$中$\angle A$的平分线为$AP$，求证：$\frac{AB}{AC}=\frac{BP}{CP}$。

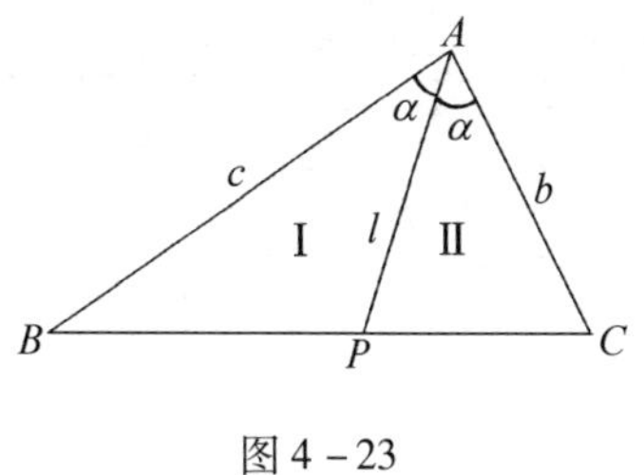

图4－23

**证明**：利用三角形面积公式得：

$$\frac{BP}{CP}=\frac{\triangle\text{Ⅰ}}{\triangle\text{Ⅱ}}=\frac{\frac{1}{2}AB\cdot AP\sin\alpha}{\frac{1}{2}AC\cdot AP\sin\alpha}=\frac{AB}{AC}。$$

**[例 4.4.5]** 设$0°<\alpha<90°$，求证：$\sin 2\alpha=2\sin\alpha\cdot\sin(90°-\alpha)$。

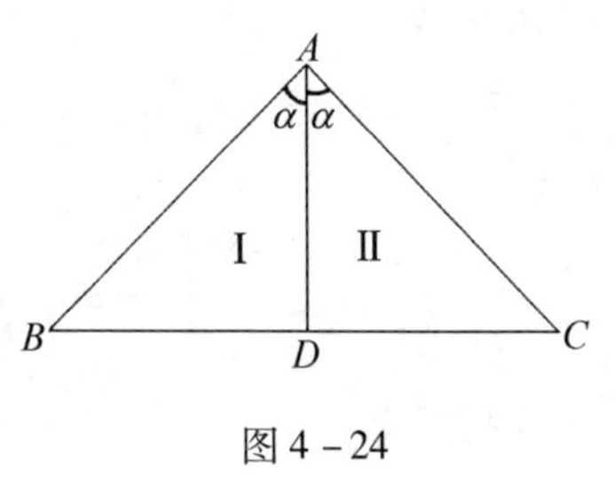

图4－24

**证明**：如图4－24，等腰三角形$ABC$的顶角$A$为$2a$，$\angle A$的平分线为$AD$，由$\triangle ABC=\triangle\text{Ⅰ}+\triangle\text{Ⅱ}$得：

$$\frac{1}{2}AB\cdot AC\sin 2\alpha=\frac{1}{2}AB\cdot AD\sin\alpha+\frac{1}{2}AC\cdot AD\sin\alpha。$$

利用$AB=AC$以及$AD=AB\sin B=AB\sin(90°-\alpha)$，代入整理即得。

**[例 4.4.6]** 已知$\triangle ABC$中的$\angle A$和$b$、$c$两边，求$\angle A$的角平分线长。

**解**：利用图4－23，用面积公式代入等式$\triangle ABC=\triangle\text{Ⅰ}+\triangle\text{Ⅱ}$，并设角平分线$AP$之长为$l$，则

$$\frac{1}{2}bc\sin 2\alpha=\frac{1}{2}cl\sin\alpha+\frac{1}{2}bl\sin\alpha。$$

这里 $\alpha=\frac{A}{2}$，将 $\sin 2\alpha=2\sin\alpha\sin(90°-\alpha)$ 代入，即可解出

$$l=\frac{2bc\sin\left(90°-\frac{A}{2}\right)}{b+c},$$

或者写成
$$l=\frac{2bc\cos\frac{A}{2}}{b+c}。\qquad(4.4.2)$$

用公式（4.4.2）很容易推出著名的司坦纳-雷米欧斯定理：有两条相等的角平分线的三角形是等腰三角形。事实上，若 $\triangle ABC$ 中 $\angle A$ 和 $\angle B$ 的角平分线同为 $l$，由（4.4.2）式可得：

$$\frac{2\cos\frac{A}{2}}{l}=\frac{1}{b}+\frac{1}{c},\ \frac{2\cos\frac{B}{2}}{l}=\frac{1}{a}+\frac{1}{c}。$$

两式相减得

$$\frac{2}{l}\left(\cos\frac{A}{2}-\cos\frac{B}{2}\right)=\frac{1}{b}-\frac{1}{a}。\qquad(4.4.3)$$

若 $a$ 与 $b$ 不相等，不妨设 $a>b$，则 $\angle A>\angle B$，于是（4.4.3）式左端为负而右端为正，矛盾。 □

前面几个例子比较简单，但面积公式并非不能帮我们解决较难的问题。

**［例 4.4.7］**（美国 1979 年数学奥林匹克赛题）如图4－25，在

$\angle A$ 内有一定点 $P$，过 $P$ 作直线交两边于 $B$、$C$，问 $\dfrac{1}{PB}+\dfrac{1}{PC}$ 何时取到最大值?

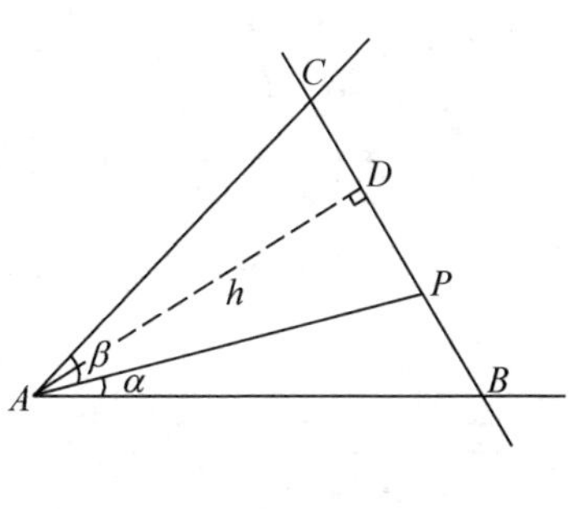


图 4－25

**解**：在 $BC$ 上取 $D$ 使 $AD\perp BC$，并设 $AD=h$，$S_1$、$S_2$ 分别表示 $\triangle ABP$ 和 $\triangle ACP$ 的面积。根据面积公式得：

$$\frac{1}{PB}+\frac{1}{PC}=\frac{h}{2}\left(\frac{1}{S_1}+\frac{1}{S_2}\right)$$

$$=\frac{h}{2}\cdot\frac{\triangle ABC}{S_1\cdot S_2}$$

$$=\frac{h}{2}\cdot\frac{2AB\cdot AC\sin(\alpha+\beta)}{AB\cdot AC\cdot AP^2\cdot\sin\alpha\cdot\sin\beta}$$

$$=h\cdot\frac{\sin(\alpha+\beta)}{AP^2\cdot\sin\alpha\cdot\sin\beta}$$

$$\leqslant\frac{\sin(\alpha+\beta)}{AP\sin\alpha\cdot\sin\beta}。$$

因为 $P$ 是 $\angle A$ 内的定点，所以 $AP$、$\alpha$、$\beta$ 都是常数，因而上式最后一项 $\dfrac{\sin(\alpha+\beta)}{AP\sin\alpha\cdot\sin\beta}$ 是常数，即永远有

$$\frac{1}{PB}+\frac{1}{PC}\leqslant\frac{\sin(\alpha+\beta)}{AP\cdot\sin\alpha\cdot\sin\beta}。$$

而当 $AP\perp BC$ 时，$AD$ 与 $AP$ 重合，即 $h=AP$，这里的不等式取到了

等号。可见$\frac{1}{PB}+\frac{1}{PC}$在 $AP \perp BC$ 时取到最大值。

［例 4.4.8］　在$\triangle ABC$ 的两边 $AB$、$AC$ 上，分别向外作正方形 $ACGH$ 和 $BAFE$。延长 $BC$ 边上的高 $DA$，交 $FH$ 于 $M$。求证：

$$MH = MF。$$

**证明**：如图 4－26，可能有两种情形：（1）$D$ 在线段 $BC$ 上；（2）$D$ 在 $CB$ 的延长线上。下面的证明适用于这两种情形。

一方面，显然有 $\angle MAH = \angle ACB$，$\angle MAF = \angle ABC$。记 $\alpha = \angle MAH$，$\beta = \angle MAF$。于是

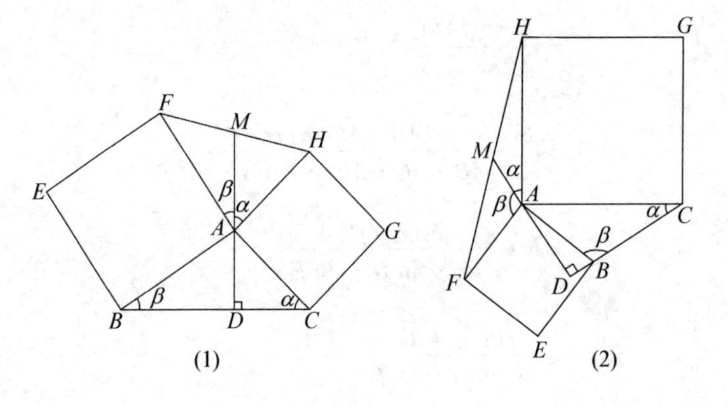


图 4－26

$$\frac{1}{2}AB \cdot BC\sin\beta = \triangle ABC = \frac{1}{2}AC \cdot BC\sin\alpha,$$

故

$$AB\sin\beta = AC\sin\alpha。$$

而

$$\frac{MF}{MH}=\frac{\triangle MAF}{\triangle MAH}=\frac{\frac{1}{2}MA\cdot AF\sin\beta}{\frac{1}{2}MA\cdot AH\sin\alpha}=\frac{AB\sin\beta}{AC\sin\alpha}=1,$$

即 $MF=MH$。

[**例 4.4.9**] 在凸四边形 $ABCD$ 中，已知 $AB=CD$，$E$、$F$ 分别是 $AD$ 和 $BC$ 的中点。延长 $AB$、$DC$ 分别和 $EF$ 的延长线交于 $P$、$Q$。求证：$\angle APE=\angle DQE$。

**证明**：如图 4-27，记 $\alpha=\angle QED$，则

$$\triangle PAE=\frac{1}{2}AP\cdot PE\sin\angle APE$$

$$=\frac{1}{2}AE\cdot PE\sin\alpha,$$

$$\triangle QDE=\frac{1}{2}DQ\cdot QE\sin\angle DQE$$

$$=\frac{1}{2}DE\cdot QE\sin\alpha。$$

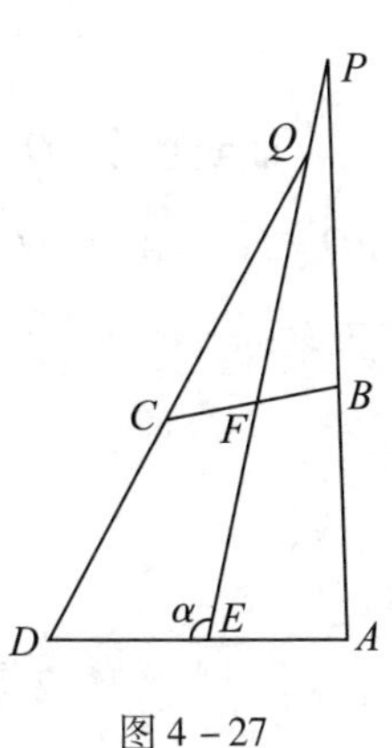

图 4-27

两式相比

$$\frac{AP\cdot PE\sin\angle APE}{DQ\cdot QE\sin\angle DQE}=\frac{AE\cdot PE\sin\alpha}{DE\cdot QE\sin\alpha}=\frac{PE}{QE},$$

所以 $$AP\sin\angle APE=DQ\sin\angle DQE。\qquad(4.4.4)$$

同理 $$BP\sin\angle APE=CQ\sin\angle DQE。\qquad(4.4.5)$$

用（4.4.4）式减（4.4.5）式得

$$AB\sin\angle APE=CD\sin\angle DQE。$$

由 $AB=CD$，得 $\sin\angle APE=\sin\angle DQE$。

此题另一简单证法，可参看例题5.3.20。

**[例4.4.10]** 如图4－28，凸四边形$ABCD$的两边$AD$、$BC$延长后交于$O$，对角线$AC$、$BD$交于$G$。直线$OG$分别交$CD$、$AB$于$E$、$F$，求证：

$$\frac{1}{OE}+\frac{1}{OF}=\frac{2}{OG}。$$

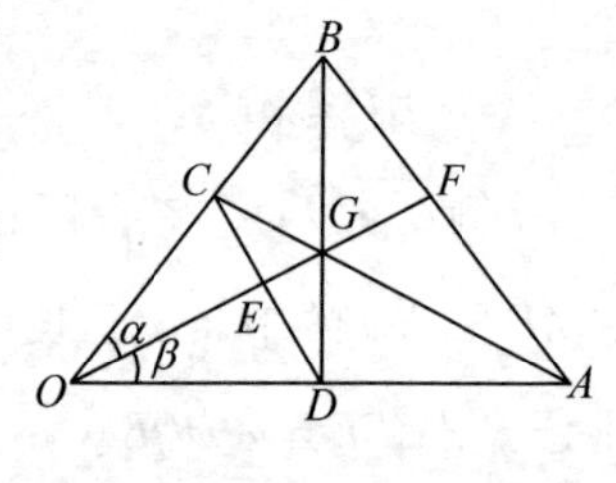


图4－28

**证明**：设$AO=a$，$BO=b$，$CO=c$，$DO=d$，$GO=g$，$EO=e$，$FO=f$，$\angle AOF=\beta$，$\angle BOF=\alpha$。

因为

$$\triangle AOF+\triangle BOF=\triangle AOB,$$

所以

$$\frac{1}{2}af\sin\beta+\frac{1}{2}bf\sin\alpha=\frac{1}{2}ab\sin(\alpha+\beta)。$$

两边同除以$\frac{1}{2}abf$得

$$\frac{\sin\alpha}{a}+\frac{\sin\beta}{b}=\frac{\sin(\alpha+\beta)}{f},\tag{1}$$

同理

$$\frac{\sin\alpha}{d}+\frac{\sin\beta}{b}=\frac{\sin(\alpha+\beta)}{g},\tag{2}$$

$$\frac{\sin\alpha}{d}+\frac{\sin\beta}{c}=\frac{\sin(\alpha+\beta)}{e},\tag{3}$$

$$\frac{\sin\alpha}{a}+\frac{\sin\beta}{c}=\frac{\sin(\alpha+\beta)}{g}。\tag{4}$$

(1) - (2) + (3) - (4) 得

$$0=\left(\frac{1}{f}+\frac{1}{e}-\frac{2}{g}\right)\sin(\alpha+\beta),$$

由此可得所要证明的$\frac{1}{f}+\frac{1}{e}=\frac{2}{g}$。 □

这个例题的结论可以改写成$\frac{g}{f}+\frac{g}{e}=2$，即$\frac{g}{e}-1=1-\frac{g}{f}$，也就是$\frac{g-e}{f-g}=\frac{e}{f}$。这在图上是$\frac{GE}{GF}=\frac{OE}{OF}$，即 $G$、$O$ 按等比内外分 $EF$。这是射影几何的一个基本定理。

此题另一证法，参看例题5.3.12。

新加坡大学的李秉彝教授，曾向笔者提出一个小问题：能不能用面积方法直接证明当 $0\leqslant y\leqslant x\leqslant\frac{\pi}{2}$ 时，不等式 $\sin x-\sin y\geqslant(x-y)\cos x$ 成立，这里 $x$，$y$ 均为弧度数。下面给出回答：

**[例4.4.11]** 若$0\leqslant y\leqslant x\leqslant\frac{\pi}{2}$，则

$$\sin x-\sin y\geqslant(x-y)\cos x。$$

**证明**：如图4-29，设$\triangle ABD$ 是等腰三角形，$\angle BAD=x-y$，$AB=AD=c$。在 $BD$ 的延长线上取一点 $C$ 使得$\angle CAB=x$，则$\angle CAD=y$。设 $DE$、$CF$ 分别是$\triangle ABD$、$\triangle ABC$ 的高。$H$ 是 $AD$、$CF$ 的交点，再以 $A$ 为圆心，$AF$ 为半径作弧，交 $AD$ 于 $G$。由$\triangle ABC-\triangle ADC=\triangle ABD$ 得

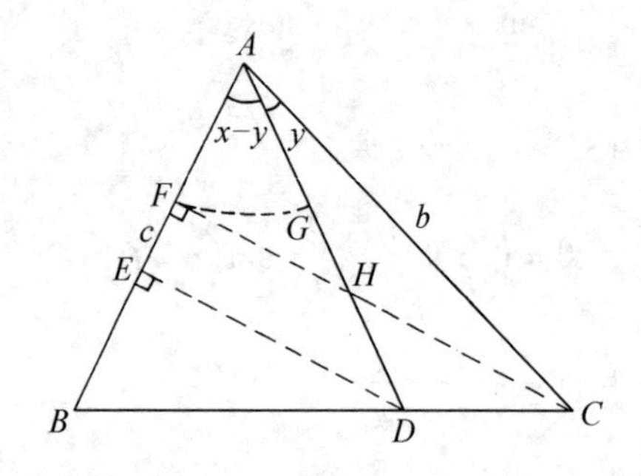


图 4 – 29

$$\frac{1}{2}bc\sin x-\frac{1}{2}bc\sin y=\frac{1}{2}c\cdot DE。$$

所以

$$\begin{aligned}\sin x-\sin y&=\frac{DE}{b}\geqslant\frac{FH}{b}\geqslant\frac{\overset{\frown}{FG}}{b}\\&=\frac{1}{b}(x-y)\cdot AF\\&=\frac{1}{b}(x-y)b\cos x\\&=(x-y)\cos x。\end{aligned}$$

□

下面的例子表明，面积方法有时能帮助我们解决相当困难的问题。

在《牛顿力学的横向研究》一书中，作者查有梁教授提到了他发现的一个计算圆锥曲线曲率的简单公式。设圆锥曲线的极坐标方程式为 $r=\frac{p}{1+e\cos\theta}$，又设 $\alpha$ 是曲线上某点 $A$ 处的切线与该点关于极点的向径所成的夹角，则 $A$ 点的曲率半径为 $\rho=\dfrac{p}{\sin^3\alpha}$。

这个公式大大优于传统公式。查教授曾告诉笔者，他多年寻求这一公式的初等证明而未获成功。在这里，我们就用面积方法给出上述公式的一种证明。

**[例 4.4.12]** 设圆锥曲线 $\Gamma$ 在极坐标系（$\theta$，$r$）中的方程式为 $r=\dfrac{p}{1+e\cos\theta}$，$\alpha$ 是 $\Gamma$ 上某点 $A$ 处的切线与该点关于极点的向径所成的夹角，则 $\Gamma$ 在 $A$ 点的曲率半径为 $\rho=p\sin^{-3}\alpha$。

**证明**：图 4－30 画出了圆锥曲线 $\Gamma$ 的一部分。极坐标的极点为 $O$，极轴为 $OM$。曲线 $\Gamma$ 的方程式为 $r=r(\theta)$，$A$、$B$、$C$ 是 $\Gamma$ 上的 3 个点，并且有 $\angle BOA=\angle AOC=h$。又设 $OA=r$，$OB=r_1$，$OC=r_2$，$OA$ 与 $BC$ 交于 $D$。分别以 $a$、$b$、$c$ 记 $\triangle ABC$ 的 3 条边 $BC$、$CA$、$AB$；而 $\angle AOM$、$\angle BOM$、$\angle COM$、$\angle ADB$、$\angle ABO$、$\angle ACO$ 顺次记作 $\theta$、$\theta-h$、$\theta+h$、$\varphi$、$\beta$、$\gamma$，则有 $r=r(\theta)$，$r_1=r(\theta-h)$，$r_2=r(\theta+h)$，等等。

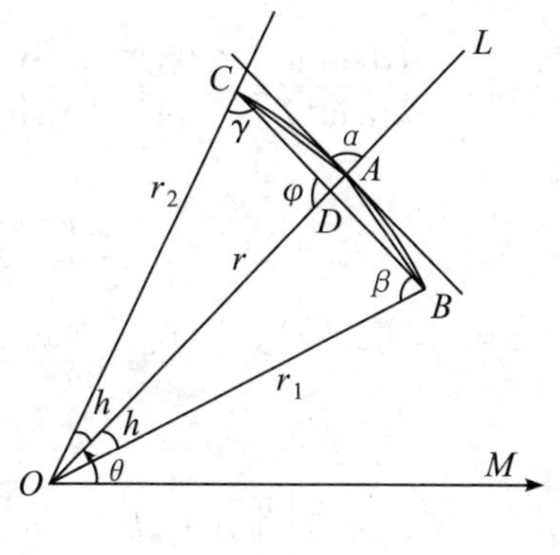

图 4－30

设 $\triangle ABC$ 的外接圆半径为 $\rho(\theta, h)$，则 $\Gamma$ 在 $A$ 处的曲率半径 $\rho(\theta)=\lim\limits_{h\to 0}\rho(\theta, h)$。而 $\rho(\theta, h)$ 可由 $\triangle ABC$ 的面积及其 3 边长来确定，也就是有

$$\frac{1}{\rho\ (\theta,\ h)}=\frac{4\triangle ABC}{abc}。\tag{1}$$

由
$$\triangle ABC=\frac{a}{2}AD\sin\varphi=\frac{a}{2}(r-OD)\sin\varphi,\tag{2}$$

又由
$$\triangle OBC=\triangle OBD+\triangle OCD,$$

得
$$\frac{1}{2}r_1r_2\sin 2h=\frac{1}{2}r_1\cdot OD\sin h+\frac{1}{2}r_2\cdot OD\sin h。$$

把 $\sin 2h=2\sin h\cos h$ 代入后得到

$$OD=\frac{2r_1r_2\cos h}{r_1+r_2}。\tag{3}$$

再利用 $\frac{r_1r\sin h}{br_2\sin\gamma}=\frac{\triangle OAB}{\triangle OAC}=\frac{cr_1\sin\beta}{rr_2\sin h}$得

$$bc=\frac{r^2\sin^2h}{\sin\beta\sin\gamma}。\tag{4}$$

把式（2）、（3）、（4）代入式（1），令 $h$ 趋近于 0 得

$$\lim_{h\to 0}\frac{1}{\rho(\theta,\ h)}=2\sin^3\alpha\cdot\lim_{h\to 0}\frac{r-\frac{2r_1r_2}{r_1+r_2}\cos h}{r^2\sin^2h},\tag{5}$$

再利用 $\Gamma$ 的方程式得

$$r=\frac{p}{1+e\cos\theta},$$

$$r_1=\frac{p}{1+e\cos(\theta-h)},$$

$$r_2=\frac{p}{1+e\cos(\theta+h)}。$$

代入（5）式取极限可得

$$\frac{1}{\rho(\theta)}=\frac{\sin^3\alpha}{p},$$

此即所求公式。 □

我们看到，一个平凡的三角形面积公式，它的变化是无穷的。几何图形里总有若干个三角形，把这些三角形的面积用不同的方法来表示，就会得到许多等式。我们适当选取这些等式，推导、整理后就能获得所要的结论。

这一节里提供的展开平面几何推理体系的方案有许多好处，比如：

（1）发展迅速，学生可以较快把握住一些最重要的工具。

（2）中心明确，逻辑结构清晰。

（3）解题方法易于掌握。这是因为充分运用了三角与代数的方法。

（4）提前引入三角函数，解决了目前初中生学习三角时间过于短促，不能很好消化的问题。

但是，这个体系也有它不可忽视的问题：

（1）三角形面积公式是直观引入的，逻辑上留下了较大的缺口，要依赖旧的体系。

（2）解题几乎处处离不开三角，几何的风格丧失太多，不易被人们接受。

（3）正弦概念的提前引入，是否适应学生的年龄特征，值得商榷。

下面提供另一个方案，针对以上这些问题作出更细致的处理。

# 五、平面几何的另一条新路

能不能避开正弦，直接从小学生所学的几何知识出发，把他们引入几何园林的深处呢?

这里提供的方案，要比前一章那个方案更易于理解，更富有几何趣味，逻辑上的处理也更严密。

## 5.1 一个平凡公式的妙用

美国著名的几何学家佩多在一篇题为《数学经验》的文章里，谈到这样一件有趣的事情:

一个经济学家打电话问他一个问题。这位经济学家说，他研究的一种新的经济理论，涉及这样一个几何命题:正三角形内的任一点，到三角形3边距离之和为定值。他问佩多这个命题对不对?如果对，又是为什么?

这位经济学家还说，他曾请教过别的数学专家，结果都没有得到满意的回答。

当然，佩多教授马上回答了这个问题。如图 5－1，$\triangle ABC$ 是正三角形，$AB=BC=CA=a$，点 $P$ 在$\triangle ABC$ 内，$P$ 到 $BC$、$CA$、$AB$ 3 边的距离顺次是 $x$、$y$、$z$。显然有

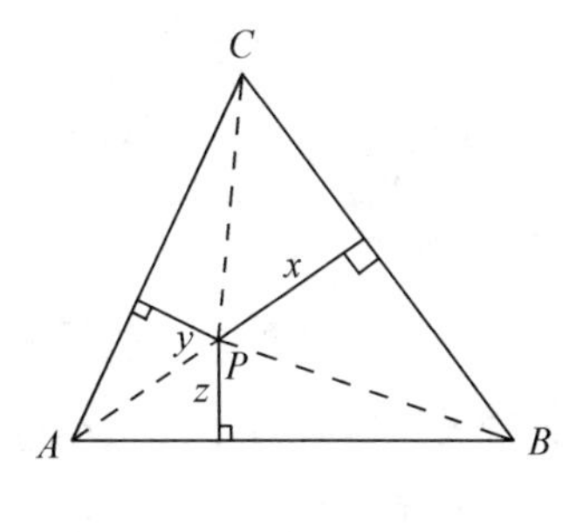

图 5－1

$$\triangle PBC+\triangle PCA+\triangle PAB=\triangle ABC,$$

也就是

$$\frac{1}{2}xa+\frac{1}{2}ya+\frac{1}{2}za=\frac{1}{2}ah, \qquad (5.1.1)$$

这里 $h$ 是$\triangle ABC$ 的高。从（5.1.1）式马上得到

$$x+y+z=h。$$

这表明，不管 $P$ 在$\triangle ABC$ 内什么位置，它到 3 边距离之和，总等于$\triangle ABC$ 的高。

解决这个问题就用到这一点几何知识：三角形面积等于底乘高的一半。这是小学生也知道的。有些初中几何教材，曾把这个问题编成一道习题。看来，那位经济学家和他所问的数学专家，已把小学和初中学过的这点东西忘光了。

还有这么一个问题，它极简单，却曾使一些具有相当数学素养的解题能手一时不知所措。

一块正方形的生日蛋糕（严格地说，是正四棱柱形的。因为这个正四棱柱的高相对较小，通常叫做方形蛋糕），表面上涂了薄薄一

层美味的奶油，要均匀地分给5个孩子，该怎么分呢?

困难在于，不但要把体积分成5等份，同时表面积也要分成5等份。

也许你会想到：要是4个人分或8个人分就好了。不然，换成是圆形蛋糕或五星形蛋糕也好了。偏偏是方形蛋糕5个人来分！

先别抱怨！冷静地想一下，你会发现"方形"和"5个人来分"这两个条件，并没有给你增加什么困难。解法是出人意料的简单。只要找出正方形的中心——也就是两条对角线的交点 $O$，再把正方形的每条边5等分，如图5－2，分别取等分点 $A$、$B$、$C$、$D$、$E$，并把它们与中心 $O$ 连成线段 $OA$、$OB$、$OC$、$OD$、$OE$。我们只要沿这些线段向蛋糕垂直下刀就可以了。

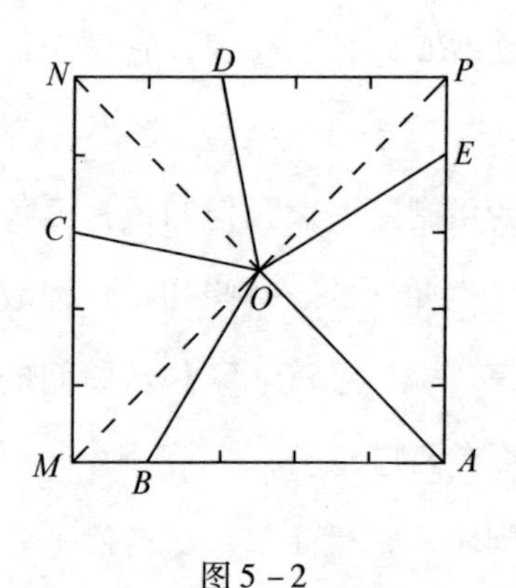


图5－2

道理呢? 只要用"三角形面积等于底乘高的一半"，算一算图5－2中的三角形的面积就知道了。设正方形边长为 $a$，则 $AB=AE=$

$\frac{4a}{5}$，$BM=PE=\frac{a}{5}$，$MC=PD=\frac{3a}{5}$，$CN=DN=\frac{2a}{5}$，而 $O$ 到各边距离都是$\frac{a}{2}$，于是

$$\begin{aligned}\triangle OAB &= \triangle OAE \\ &= \triangle OBM + \triangle OCM \\ &= \triangle OEP + \triangle OPD \\ &= \triangle OCN + \triangle ODN \\ &= \frac{a^2}{5}。\end{aligned}$$

再用熟知的公式算算各块的体积，便知这种分法确实没错。

刚进入初中的孩子，从这种类型的题目中会惊奇地发现，原来他们所熟悉的三角形面积公式竟能派上这样的用场！这个平凡公式的巧妙运用，会使他们兴致盎然地进入几何大花园。

如果用 $a$、$b$、$c$ 表示三角形的 3 边长，用 $h_a$、$h_b$、$h_c$ 分别表示 3 边上的高，则三角形的面积为

$$\triangle = \frac{1}{2}ah_a = \frac{1}{2}bh_b = \frac{1}{2}ch_c。$$

从这个简单的等式，我们便能看出：

（1）若三角形两边相等，则这两边上的高也相等。

（2）若三角形两边上的高相等，则这两边也相等。

（3）若三角形两边不相等，则较大的边上的高较小。

这些都是极好的练习。它使初学者初步体会到，如何运用面积

来研究几何图形的性质。

但是，我们不宜从这个面积公式出发来展开平面几何。从这个公式出发，逻辑上会有一个很大的缺口。因为如果这样，我们就不但承认了在中学阶段难以严格证明的矩形面积公式，而且也承认了矩形→平行四边形→三角形的等积变形过程。这里面包含了平行公理、全等三角形等基本几何知识，要承认的东西未免太多。

我们退一步，从三角形面积公式的一个推论出发来展开，这个推论是“同高三角形面积比等于底之比”。把它作为我们的主要逻辑起点，可以避免提及“高”或者“底”这些词。因为这涉及高线的定义、存在、唯一性等问题，未免太复杂了。相比之下，我们宁可采用一条形式上较弱，叙述起来也较简单的命题：

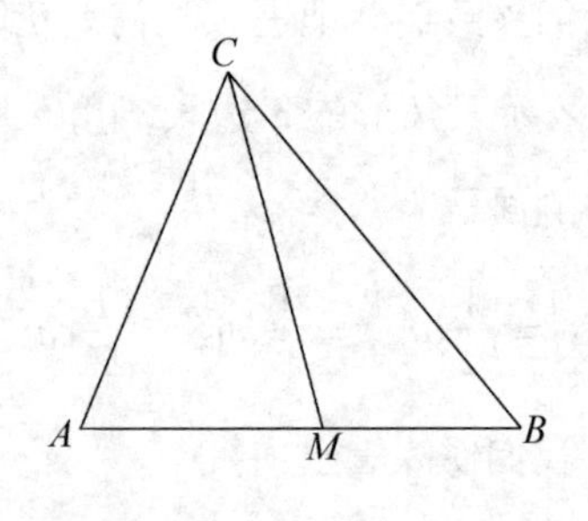


图5－3

**基本命题** 如图5－3，设$\triangle ABC$的$AB$边上有一点$M$。如果有$AM=\lambda AB$，则$\triangle AMC=\lambda\triangle ABC$，即

$$\frac{\triangle AMC}{\triangle ABC}=\frac{AM}{AB}。$$

一粒小小的种子能长成参天的大树。让我们看看，这个简单的命题，如何幻化出万紫千红的几何花园吧！

## 5.2 共边三角形与共角三角形

数学的心脏是问题，学了数学，就要能解题。

“工欲善其事，必先利其器”，要想学会解题，就要先掌握解题的工具。

平面几何图形的基本单元是三角形。解题工具当然离不开对三角形的研究。欧几里得把注意力集中在特殊的三角形上：当考虑一个三角形时，着重研究了直角三角形、等腰三角形；当考虑一对三角形时，着重研究了全等三角形和相似三角形。

全等三角形和相似三角形的研究是重要的，因为它与运动、相似这些几何变换密切相关。但作为解题的基本工具，全等三角形与相似三角形的方法就暴露出明显的不足。

一个重要的事实是：随便画一个几何图形，这里面往往没有全等三角形或相似三角形。为了使“全等”“相似”有用武之地，就要作辅助线。但如何作辅助线，则“法无定法”。几何好学做题难，原因与此有关！

我们着眼于那些任何几何图形中都会出现的三角形对，这就是“共边三角形”和“共角三角形”。

这两种三角形对是名不见经传的。欧几里得以来的几何学家们从来没有给它们以足够的重视。但是，从数学教育界的角度看，它们是顶顶重要的。

两个三角形如果有一条公共边，我们就说这两个三角形是共边三角形。共边三角形在几何图形里到处都是。平面上随便点 4 个点 $A$、$B$、$C$、$D$，连 6 条直线，便有许多对共边三角形（如图 5－4）：$\triangle ABC$ 与 $\triangle ABD$，$\triangle ADB$ 与 $\triangle ADC$，$\triangle ACB$ 与 $\triangle ACD$，$\triangle BCA$ 与 $\triangle BCD$，$\triangle BDA$ 与 $\triangle BDC$，$\triangle CDA$ 与 $\triangle CDB$……

在图 5－4（1）中，$\triangle PAD$ 和 $\triangle PBC$ 虽不是共边三角形，但它们也有共同点——$\angle APD=\angle BPC$。这样有一组对应角相等或互补的一对三角形，叫做共角三角形。在图 5－4（1）中出现了许多对共

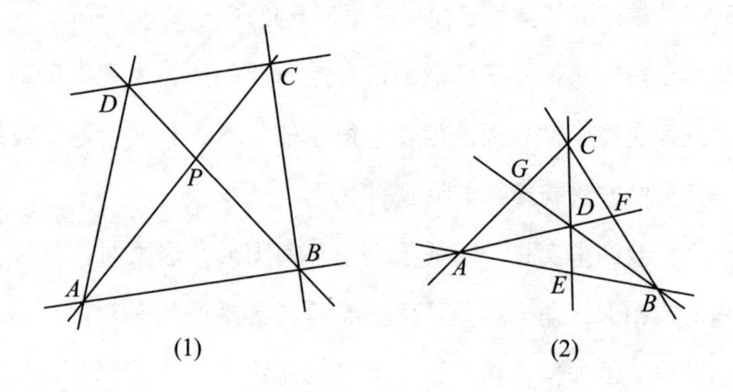


图 5－4

角三角形，如$\triangle PAB$与$\triangle PDC$，$\triangle PCD$与$\triangle ACD$，$\triangle PAB$与$\triangle PAD$等。图5-4（2）中有$\triangle AED$与$\triangle CEB$，$\triangle DGC$与$\triangle BGA$，$\triangle DFB$与$\triangle GBC$……

和共边三角形相联系的基本定理是

**共边比例定理**（以下简称共边定理） 若直线$PQ$和直线$AB$交于$M$，则$\dfrac{\triangle PAB}{\triangle QAB}=\dfrac{PM}{QM}$。

**证明**：如图5-5，可知有4种情形。根据我们的基本命题，4种情形都有：

$$\triangle PAM=\frac{PM}{QM}\triangle QAM, \tag{1}$$

$$\triangle PBM=\frac{PM}{QM}\triangle QBM。 \tag{2}$$

在图5-5情形（1）、（2）中取(1)+(2)，情形(3)、(4)中取(1)-(2)，可得①

$$\triangle PAB=\frac{PM}{QM}\triangle QAB。 \qquad \square$$

尽管这个定理得来不费工夫，但它在图上并不明显。特别是情形(3)、(4)，人们往往会忽略这种比例关系。假如在情形(4)中不

① 后来作者想到一个更简单的证明：在直线$AB$上取一点$N$，使$MN=AB$，则$\dfrac{\triangle PAB}{\triangle QAB}=\dfrac{\triangle PMN}{\triangle QMN}=\dfrac{PM}{QM}$。这个证法适用于图5-5的4种情形。

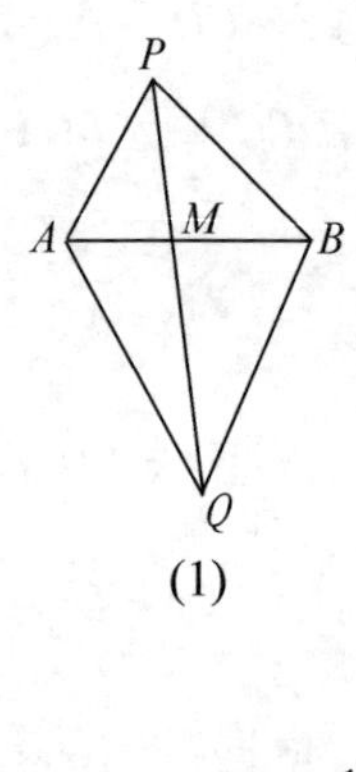

(1)

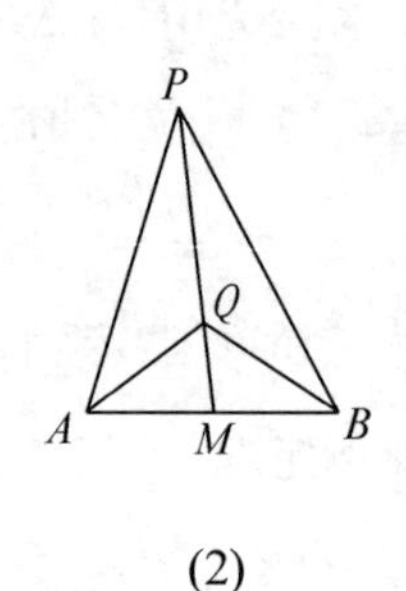

(2)

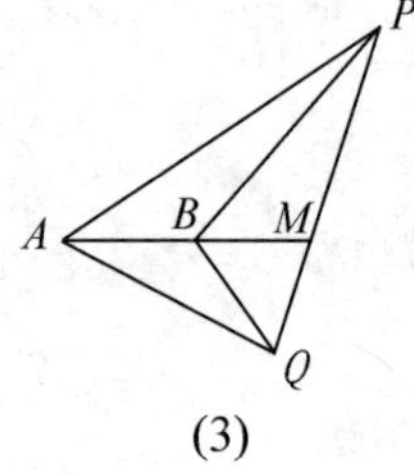

(3)

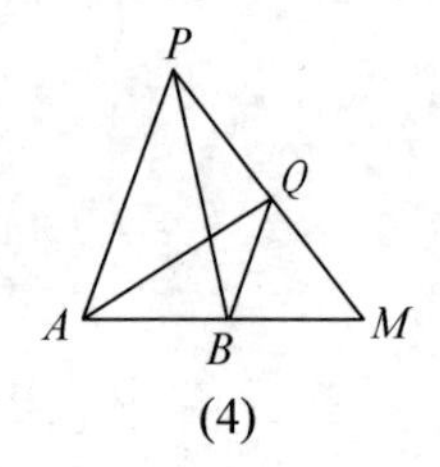

(4)

图 5－5

用共边比例定理，让学生想办法求出$\triangle PAB$与$\triangle QAB$面积之比，我想很少有人会想到用尺子沿直线$PQ$来度量。

和共角三角形相联系的基本定理是

**共角比例定理**（以下简称共角定理）　在$\triangle ABC$和$\triangle A'B'C'$中，$\angle A=\angle A'$或$\angle A+\angle A'=180°$，则

$$\frac{\triangle ABC}{\triangle A'B'C'}=\frac{AB\cdot AC}{A'B'\cdot A'C'}。$$

**证明**：不妨设$\angle A$与$\angle A'$重合或互为邻补角，如图 5－6 所示。

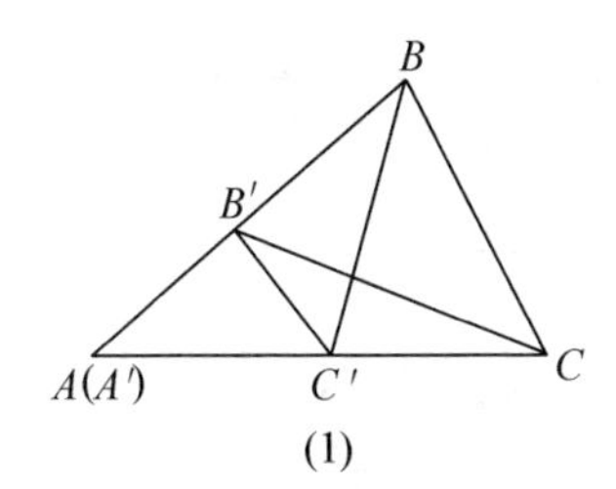

(1)

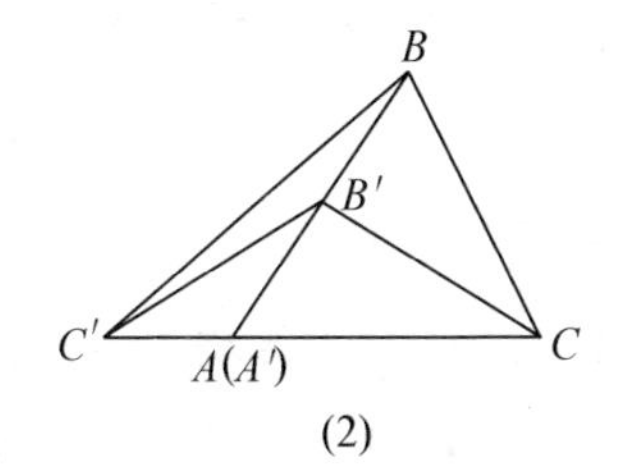

(2)

图 5－6

这时对（1）、（2）均有

$$\frac{\triangle ABC}{\triangle A'B'C'}=\frac{\triangle ABC}{\triangle AB'C}\cdot\frac{\triangle AB'C}{\triangle A'B'C'}=\frac{AB}{A'B'}\cdot\frac{AC}{A'C'},$$

即得所要等式。 □

在证明共角定理时，我们用了“运动”，把两个三角形搬到一起，使它们的一对对应角重合或成为邻补角。严格追究起来，这实际上承认了角度、长度和面积是运动下的不变量。如果不引入“运动”的概念，至少也要承认：在$\triangle ABC$和$\triangle A'B'C'$中，$\angle A=\angle A'$，$AB=A'B'$，$AC=A'C'$，则两个三角形面积相等。

不过，在教刚开始学习几何的初中生时，教师可以暂且不去追求逻辑上的绝对严密，而是引导学生用不多的几何知识去解决更多的问题。

## 5.3　两个定理的广泛应用

表面上看，共边定理与共角定理过于平凡，很难想象它们有多大的用处。因此，在逻辑上继续向前发展之前，有必要用解题实例来表明它们的非凡功效。下面所举例题的解法，很多是仅仅用到这两条定理，还有一些会辅以其他简单的几何命题，例如三角形内角和定理、圆周角定理。晚些时候我们还会看到：三角形内角和定理可由共边定理与共角定理导出；而圆周角定理，则是圆的定义和内角和定理的推论。

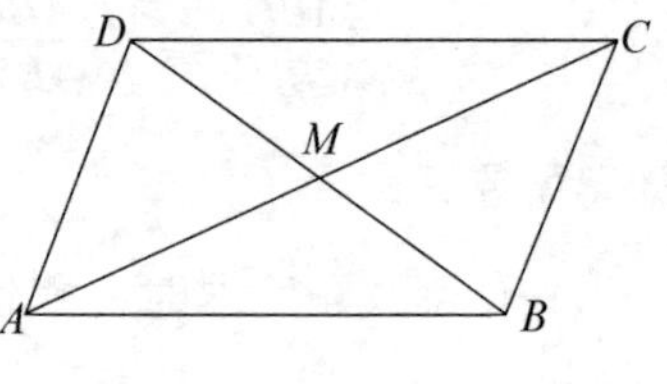


图 5－7

**［例 5.3.1］**　如图 5－7，四边形 $ABCD$ 的对角线 $AC$、$BD$ 交于 $M$。已知 $\triangle ABC=\triangle ADC$，$\triangle ABD=\triangle CBD$，求证：$M$ 是 $AC$、$BD$ 的中点，且 $\triangle MAB=\triangle MBC=\triangle MCD=\triangle MDA$。

**证明**：用共边定理及题设

$$\frac{MA}{MC}=\frac{\triangle ABD}{\triangle CBD}=1,$$

$$\frac{MB}{MD}=\frac{\triangle ABC}{\triangle ADC}=1,$$

这就证明了 $AC$ 与 $BD$ 相互平分。再用共边定理得

$$\frac{\triangle MAB}{\triangle MBC}=\frac{MA}{MC}=1,$$

即$\triangle MAB=\triangle MBC$。其余可类似证明。 □

这里，实际上已证明了“平行四边形对角线互相平分”。

**[例5.3.2]** 如图5－8，$\triangle ABC$的两中线$AD$、$BE$交于$M$，求证：$AM=2MD$。

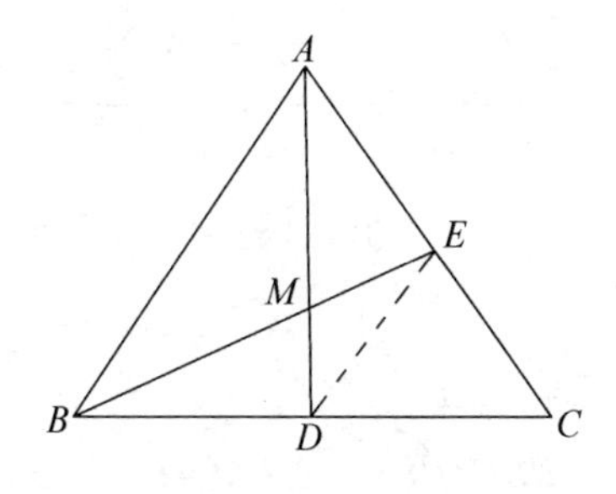


图5－8

**证明：** 由共边定理及题设条件可知

$$\frac{AM}{MD}=\frac{\triangle ABE}{\triangle BDE}=\frac{\triangle BCE}{\triangle BDE}=2,$$

即得要证等式。 □

这实际上证明了“三角形三中线交于一点”。这种证法既简单，需要的预备知识又少。

**[例5.3.3]** 如图5－9，在$\triangle ABC$内任取一点$P$，连结$AP$、$BP$、$CP$并延长，分别交对边于$D$、$E$、$F$。求证：

$$\frac{PD}{AD}+\frac{PE}{BE}+\frac{PF}{CF}=1。$$

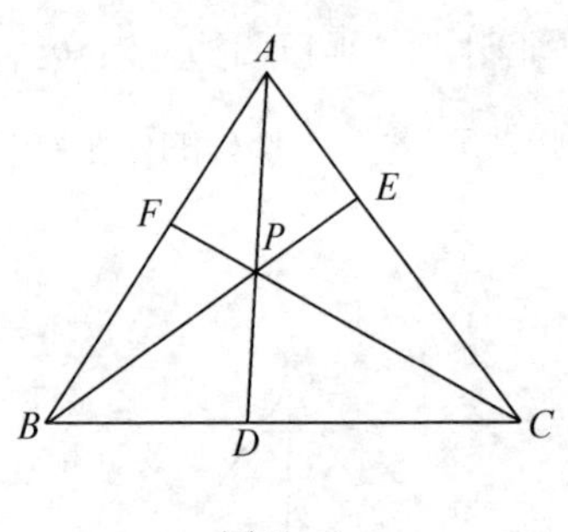


图 5 - 9

**证明**：由共边定理

$$\frac{PD}{AD}=\frac{\triangle PBC}{\triangle ABC},\frac{PE}{BE}=\frac{\triangle PAC}{\triangle ABC},\frac{PF}{CF}=\frac{\triangle PAB}{\triangle ABC},$$

$$\frac{PD}{AD}+\frac{PE}{BE}+\frac{PF}{CF}=\frac{\triangle PBC}{\triangle ABC}+\frac{\triangle PAC}{\triangle ABC}+\frac{\triangle PAB}{\triangle ABC}=1。$$

［**例 5.3.4**］　在例题 5.3.3 条件下，求证：

$$\frac{AF}{BF}\cdot\frac{BD}{CD}\cdot\frac{CE}{AE}=1。$$

**证明**：由共边定理

$$\frac{AF}{BF}=\frac{\triangle APC}{\triangle BPC},\frac{BD}{CD}=\frac{\triangle APB}{\triangle APC},\frac{CE}{AE}=\frac{\triangle BPC}{\triangle APB},$$

三式相乘，即得

$$\frac{AF}{BF}\cdot\frac{BD}{CD}\cdot\frac{CE}{AE}=1。$$

[**例 5.3.5**]　如图 5－10，在△$ABC$ 的两边 $AB$、$AC$ 上分别取两点 $P$、$Q$。已知$\frac{PA}{PB}=\lambda$，$\frac{QC}{QA}=\mu$，设 $PC$ 与 $BQ$ 交于 $M$，求$\frac{MQ}{MB}$的值。

**解**：由共边定理

$$\frac{MQ}{MB}=\frac{\triangle CMQ}{\triangle CMB}=\frac{\triangle CMQ}{\triangle CMA}\cdot\frac{\triangle CMA}{\triangle CMB}$$

$$=\frac{CQ}{CA}\cdot\frac{PA}{PB}=\frac{\lambda\mu}{1+\mu}。\qquad \square$$

若不用共边定理，此题就颇为棘手。

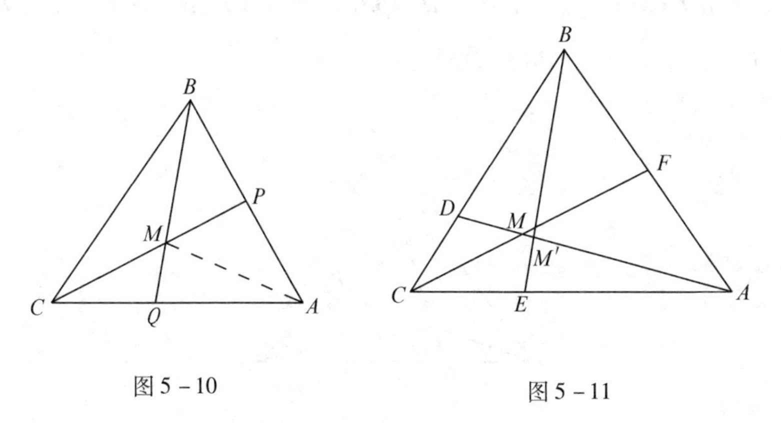


图 5－10　　图 5－11

[**例 5.3.6**]　如图 5－11，在△$ABC$ 的 3 边 $BC$、$CA$、$AB$ 上，分别取 3 点 $D$、$E$、$F$。已知$\frac{AF}{BF}\cdot\frac{BD}{CD}\cdot\frac{CE}{AE}=1$，求证：直线 $AD$、$BE$、$CF$ 交于一点。

**证明**：设 $\frac{AF}{BF}=\lambda$，$\frac{BD}{CD}=\rho$，$\frac{CE}{AE}=\mu$。$CF$ 与 $BE$ 交于 $M$，$AD$ 与 $BE$

交于 $M'$，由例题 5.3.5 的结论可知

$$\frac{ME}{MB}=\frac{\lambda\mu}{1+\mu},\frac{M'E}{M'B}=\frac{CD}{BD}\cdot\frac{AE}{AC}=\frac{1}{\rho(1+\mu)}。$$

由题设 $\lambda\mu\rho=1$ 知 $\lambda\mu=\frac{1}{\rho}$，于是

$$\frac{ME}{MB}=\frac{M'E}{M'B}。$$

可见 $M$ 与 $M'$ 重合，即三线共点。

**[例 5.3.7]** 如图5－12，在△$ABC$ 的 3 边上分别取 3 点 $D$、$E$、$F$，使 $BD=\lambda CD$，$CE=\mu AE$，$AF=\rho BF$。连结 $AD$、$BE$、$CF$，分别交于 $P$、$Q$、$R$。求△$PQR$ 的面积。

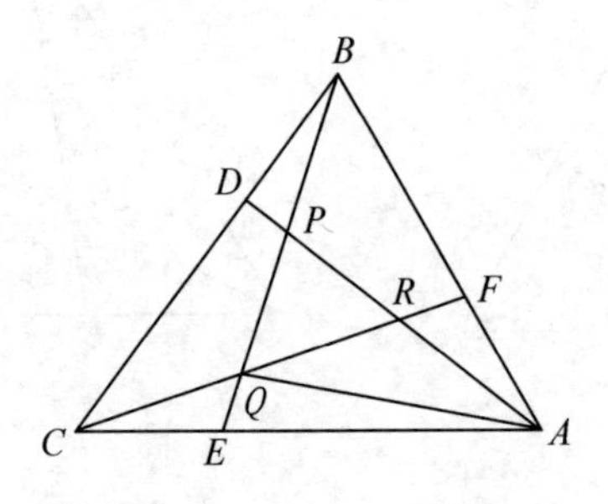


图 5－12

**解**：设△$ABC=S$，由

$$\frac{\triangle ABC}{\triangle BCQ}=\frac{\triangle BCQ}{\triangle BCQ}+\frac{\triangle ACQ}{\triangle BCQ}+\frac{\triangle ABQ}{\triangle BCQ}$$

$$=1+\frac{AF}{BF}+\frac{AE}{CE}=1+\rho+\frac{1}{\mu},$$

可得

$$\triangle BCQ = \frac{\mu}{1+\mu+\mu\rho}\cdot S。$$

同理

$$\triangle CAR = \frac{\rho}{1+\rho+\lambda\rho}\cdot S,$$

$$\triangle ABP = \frac{\lambda}{1+\lambda+\lambda\mu}\cdot S。$$

于是可以求得

$$\begin{aligned}\triangle PQR &= S - \frac{\lambda}{1+\lambda+\lambda\mu}S - \frac{\mu}{1+\mu+\mu\rho}S - \frac{\rho}{1+\rho+\rho\lambda}S \\ &= \frac{(1-\lambda\mu\rho)^2\triangle ABC}{(1+\lambda+\lambda\mu)(1+\mu+\mu\rho)(1+\rho+\rho\lambda)}。\end{aligned}$$

□

这个题目的一种特殊情况颇为有趣，当 $D$、$E$、$F$ 是3边的3等分点，即 $\lambda=\mu=\rho=2\left(或\frac{1}{2}\right)$时，$\triangle PQR$ 恰为 $\triangle ABC$ 的$\frac{1}{7}$。

**[例 5.3.8]** 如图 5－13，若 $P$、$Q$ 两点在直线 $AB$ 的同侧（即线段不与直线 $AB$ 相交），$R$ 在线段 $PQ$ 上，$PR=\lambda PQ$，试证明：

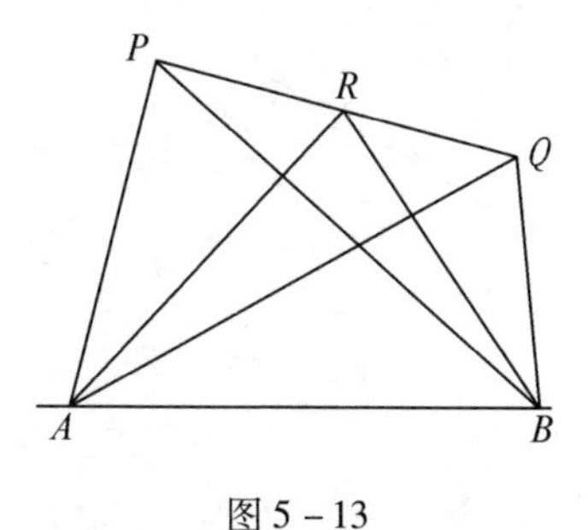


图 5－13

$\triangle RAB=\lambda\triangle QAB+(1-\lambda)\triangle PAB$。

**证明**：设四边形 $PQBA$ 面积为 $S$，则

$$\triangle RAB=S-\triangle PRA-\triangle QRB, \tag{1}$$

$$\triangle PRA=\lambda(S-\triangle QAB), \tag{2}$$

$$\triangle QRB=(1-\lambda)(S-\triangle PAB)。 \tag{3}$$

把（2）、（3）代入（1）得

$$\begin{aligned}\triangle RAB&=S-\lambda(S-\triangle QAB)-(1-\lambda)(S-\triangle PAB)\\&=\lambda\triangle QAB+(1-\lambda)\triangle PAB。\end{aligned}$$ □

例题 5.3.8 又是一个很有用的命题，它可立刻推出

**[例 5.3.9]** 设线段 $MN$ 不与直线 $AB$ 相交，则 $MN/\!/AB$ 的充分必要条件是 $\triangle MAB=\triangle NAB$。[①]

**证明**：不妨设 $\triangle MAB\geqslant\triangle NAB$。

充分性：用反证法。设 $MN$ 与 $AB$ 不平行，$MN$ 延长后交 $AB$ 于 $L$（如图 5－14）。

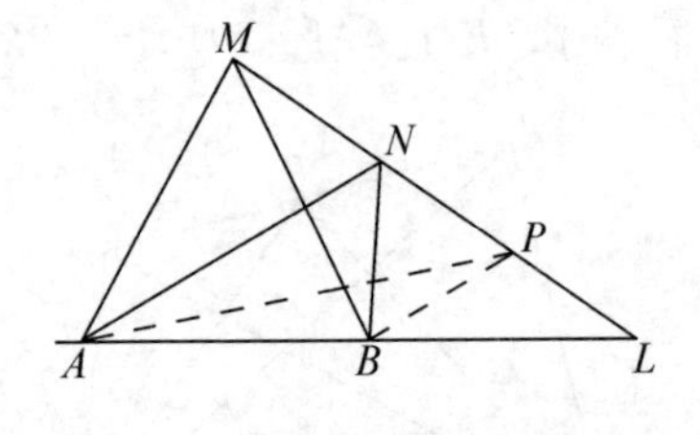


图 5－14

① 当然，$MN/\!/AB$ 的定义如常——直线 $MN$ 与直线 $AB$ 无公共点。

由共边定理，$\frac{\triangle MAB}{\triangle NAB}=\frac{ML}{NL}>1$，与$\triangle MAB=\triangle NAB$矛盾，这证明了$MN/\!/AB$。

必要性：由假设$\triangle MAB\geqslant\triangle NAB$，下证$\triangle MAB>\triangle NAB$不可能。因为若$\triangle MAB>\triangle NAB$，则直线$MN$与$AB$必相交。事实上，对于$MN$延长线上任一点$P$，记$\lambda=\frac{MN}{MP}$，由例题5.3.8可知

$$\triangle NAB=\lambda\triangle PAB+(1-\lambda)\triangle MAB。$$

取$\lambda=1-\frac{\triangle NAB}{\triangle MAB}$（因$\triangle NAB<\triangle MAB$，故这是可能的）代入上式，可得$\triangle PAB=0$，即直线$AB$与$MN$交于$P$。这与$AB/\!/MN$矛盾，所以$\triangle MAB>\triangle NAB$不可能，即$\triangle MAB=\triangle NAB$。

**［例 5.3.10］** 如图5－15，$ABCD$为凸四边形，在$AB$、$BC$、$CD$、$DA$边上顺次取$F$、$G$、$H$、$E$，使$\frac{FB}{FA}=\frac{HC}{HD}=\lambda$，$\frac{GC}{GB}=\frac{ED}{EA}=\mu$，$GE$与$FH$交于$P$。求证：$\frac{PG}{PE}=\lambda$，$\frac{PH}{PF}=\mu$。

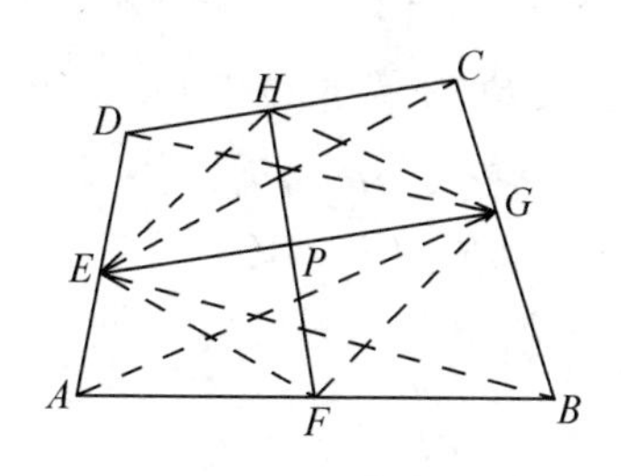


图5－15

**证明**：
$$\triangle EGC=\frac{GC}{GB}\triangle EGB=\mu\triangle EGB,$$

$$\triangle EGD=\frac{ED}{EA}\triangle EGA=\mu\triangle EGA,$$

于是由例题 5.3.8 得：

$$\begin{aligned}\triangle HEG&=\frac{\lambda}{1+\lambda}\triangle EGC+\frac{1}{1+\lambda}\triangle EGD\\&=\mu\left(\frac{\lambda}{1+\lambda}\triangle EGB+\frac{1}{1+\lambda}\triangle EGA\right)\\&=\mu\triangle FEG,\end{aligned}$$

即可由共边定理推得

$$\frac{PH}{PF}=\frac{\triangle HEG}{\triangle FEG}=\mu。$$

同理可证

$$\frac{PG}{PE}=\lambda。$$

[**例 5.3.11**] 如图 5－16，在$\triangle ABC$的两边 $AB$、$AC$ 上分别取两点 $R$、$Q$，直线 $RQ$ 交 $BC$ 的延长线于 $P$。求证：

$$\frac{AR}{BR}\cdot\frac{BP}{CP}\cdot\frac{CQ}{AQ}=1。$$

**证明**：由共边定理知

$$\frac{AR}{BR}=\frac{\triangle APQ}{\triangle BPQ},\frac{BP}{CP}=\frac{\triangle BPQ}{\triangle CPQ},\frac{CQ}{AQ}=\frac{\triangle CPQ}{\triangle APQ}。$$

三式连乘，即得所要证明的结论。

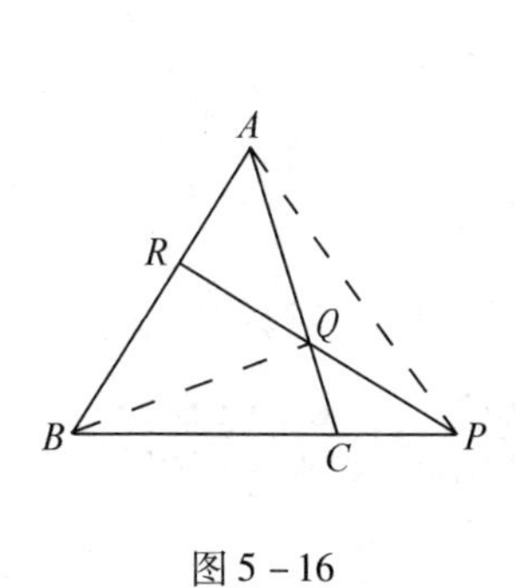


图5－16

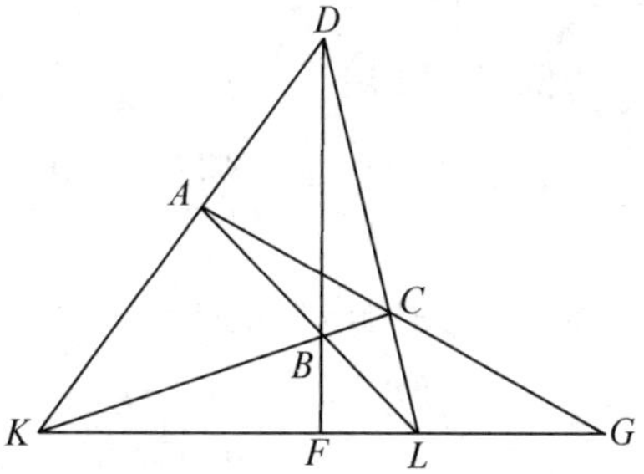

图5－17

[**例5.3.12**]　如图5－17，凸四边形$ABCD$的两边$AB$、$DC$延长后交于$L$，$CB$、$DA$延长后交于$K$。对角线$AC$、$BD$的延长线分别交直线$KL$于$G$、$F$。求证：$LF:KF=LG:KG$。

**证明**：由共边定理得

$$\frac{KF}{LF}=\frac{\triangle KBD}{\triangle LBD}=\frac{\triangle KBD}{\triangle KBL}\cdot\frac{\triangle KBL}{\triangle LBD}=\frac{DC}{LC}\cdot\frac{KA}{DA}$$

$$=\frac{\triangle ADC}{\triangle ALC}\cdot\frac{\triangle AKC}{\triangle ADC}=\frac{\triangle AKC}{\triangle ALC}=\frac{KG}{LG}。\qquad \square$$

上面所举的例子都属于共边定理的应用。从下面的例题中我们可以看出，共角定理在解题过程中表现也不逊色。

[**例5.3.13**]　$\triangle ABC$中$\angle B=\angle C$，求证：$AB=AC$。

**证明**：因$\triangle BAC$与$\triangle CBA$为共角三角形，故

$$1=\frac{\triangle BAC}{\triangle CAB}=\frac{BC\cdot AB}{BC\cdot AC}=\frac{AB}{AC}。\qquad \square$$

这个证法妙在把同一个三角形看成两个！这是此命题所用预备

知识最少的简单证法。

**[例 5.3.14]** 在$\triangle ABC$和$\triangle A'B'C'$中，$\angle A=\angle A'$，$\angle B=\angle B'$，求证：$\frac{AB}{A'B'}=\frac{BC}{B'C'}=\frac{CA}{C'A'}$。

**证明**：由内角和定理得$\angle C=\angle C'$，再用共角定理得

$$\frac{\triangle ABC}{\triangle A'B'C'}=\frac{AB\cdot AC}{A'B'\cdot A'C'}=\frac{BA\cdot BC}{B'A'\cdot B'C'}=\frac{CA\cdot CB}{C'A'\cdot C'B'},$$

约简后即得所要证明的等式。 □

项武义教授在《几何学的源起与发展》一书中称上列命题为“相似形基本定理”，用若干页的篇幅阐述了这一定理的传统证法，而我们用面积方法，随便就得到了它！

**[例 5.3.15]** 设$AD$是$\triangle ABC$中$\angle A$的平分线，求证：

$$\frac{AB}{AC}=\frac{BD}{CD}。$$

**证明**：因为$\triangle ADC$和$\triangle ADB$是共角三角形，故

$$\frac{BD}{CD}=\frac{\triangle ADB}{\triangle ADC}=\frac{AD\cdot AB}{AD\cdot AC}=\frac{AB}{AC}。$$

**[例 5.3.16]** 如图5－18，在$\triangle ABC$的$AB$和$AC$边上分别取点$D$、$E$，使$AD=AE$。又设$M$是$BC$的中点，$AM$与$DE$交于$N$。求证：$\frac{DN}{NE}=\frac{AC}{AB}$。

**证明**：由共角定理

$$\frac{\triangle AND}{\triangle ABM}=\frac{AN\cdot AD}{AB\cdot AM},\tag{1}$$

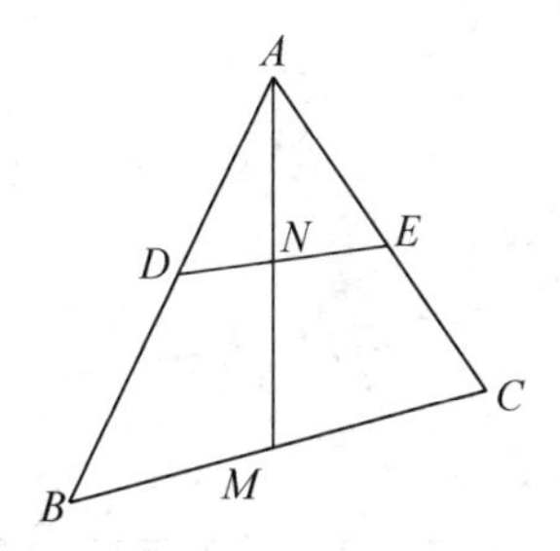


图 5 - 18

$$\frac{\triangle ANE}{\triangle ACM}=\frac{AN\cdot AE}{AC\cdot AM}。\tag{2}$$

(1) ÷ (2)，并注意到 $BM=MC$，$AD=AE$，$\triangle ACM=\triangle ABM$ 得

$$\frac{ND}{NE}=\frac{\triangle AND}{\triangle ANE}=\frac{AC}{AB}。$$

□

此题也可用共边定理来做：

$$\frac{ND}{NE}=\frac{\triangle ADM}{\triangle AEM}=\frac{\triangle ADM}{\triangle ABM}\cdot\frac{\triangle ABM}{\triangle ACM}\cdot\frac{\triangle ACM}{\triangle AEM}$$

$$=\frac{AD}{AB}\cdot\frac{BM}{CM}\cdot\frac{AC}{AE}=\frac{AC}{AB}。$$

［**例 5.3.17**］　如图 5 - 19，自 $P$ 点作 4 条射线 $PA$、$PB$、$PC$、$PD$，使 $A$、$B$、$C$、$D$ 在直线 $l_1$ 上，而直线 $l_2$ 与这 4 条射线顺次交于 $A'$、$B'$、$C'$、$D'$。求证：$\frac{A'B'\cdot C'D'}{B'C'\cdot A'D'}=\frac{AB\cdot CD}{BC\cdot AD}$。

**证明**：由共角定理

$$\frac{\triangle PA'B'\cdot\triangle PC'D'\cdot\triangle PBC\cdot\triangle PAD}{\triangle PAB\cdot\triangle PCD\cdot\triangle PB'C'\cdot\triangle PA'D'}$$

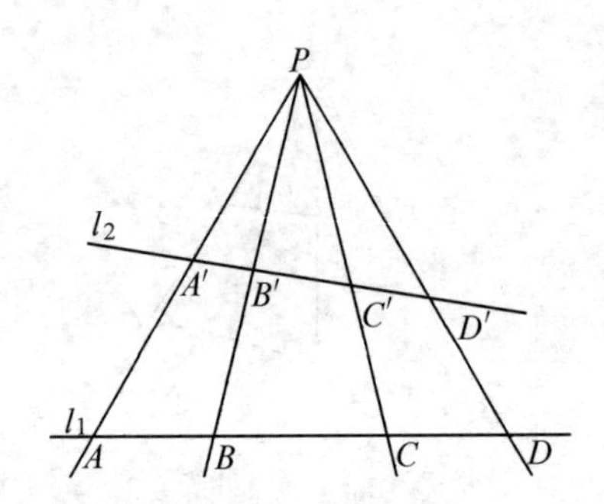


图 5－19

$$=\frac{PA'\cdot PB'}{PA\cdot PB}\cdot\frac{PC'\cdot PD'}{PC\cdot PD}\cdot\frac{PB\cdot PC}{PB'\cdot PC'}\cdot\frac{PA\cdot PD}{PA'\cdot PD'}$$

$$=1。\tag{1}$$

重排(1)的左端得

$$\frac{\triangle PA'B'}{\triangle PA'D'}\cdot\frac{\triangle PC'D'}{\triangle PB'C'}\cdot\frac{\triangle PBC}{\triangle PAB}\cdot\frac{\triangle PAD}{\triangle PCD}$$

$$=\frac{A'B'\cdot C'D'}{A'D'\cdot B'C'}\cdot\frac{BC\cdot AD}{AB\cdot CD}。\tag{2}$$

比较(1)与(2)得

$$\frac{A'B'\cdot C'D'}{A'D'\cdot B'C'}\cdot\frac{BC\cdot AD}{AB\cdot CD}=1,$$

即得要证等式。

**[例 5.3.18]**　如图5－20，在$\triangle ABC$的边$AB$、$BC$、$CA$上分别取$M$、$K$、$L$。求证：$\triangle AML$、$\triangle BMK$、$\triangle CKL$中至少有一个面积不大于$\frac{1}{4}\triangle ABC$。

**证明**：设$AM=\lambda AB$，$BK=\mu BC$，$CL=\rho CA$，则$BM=(1-\lambda)AB$，

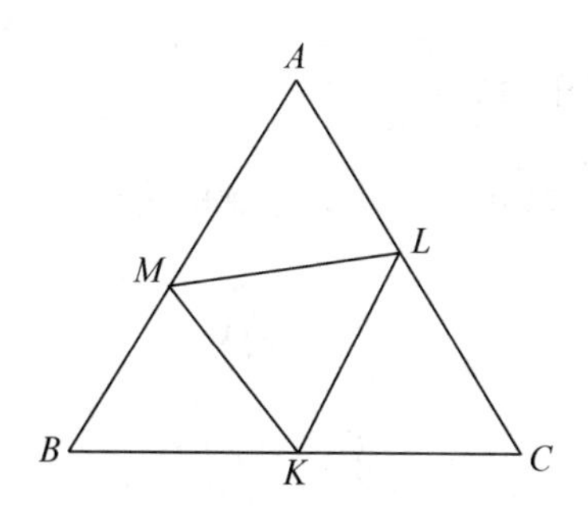


图 5－20

$CK=(1-\mu)BC$，$AL=(1-\rho)AC$。

由共角定理

$$\frac{\triangle AML}{\triangle ABC}=\frac{AM\cdot AL}{AB\cdot AC}=\lambda(1-\rho),\tag{1}$$

类似地

$$\frac{\triangle BMK}{\triangle ABC}=\frac{BM\cdot BK}{AB\cdot BC}=\mu(1-\lambda),\tag{2}$$

$$\frac{\triangle CKL}{\triangle ABC}=\frac{CK\cdot CL}{AC\cdot BC}=\rho(1-\mu)。\tag{3}$$

(1) × (2) × (3) 得

$$\frac{\triangle AML}{\triangle ABC}\cdot\frac{\triangle BMK}{\triangle ABC}\cdot\frac{\triangle CKL}{\triangle ABC}$$

$$=\lambda(1-\lambda)\cdot\mu(1-\mu)\cdot\rho(1-\rho)\leqslant\left(\frac{1}{4}\right)^3。$$

这个结论的推导是简单的，根据

$$x(1-x)=\frac{1}{4}-\left(x-\frac{1}{2}\right)^2\leqslant\frac{1}{4},$$

便知左端 3 个因式中至少有一个不大于$\frac{1}{4}$。

[**例 5.3.19**]　如图 5－21，设 $AM$ 是$\triangle ABC$ 在 $BC$ 边上的中线，

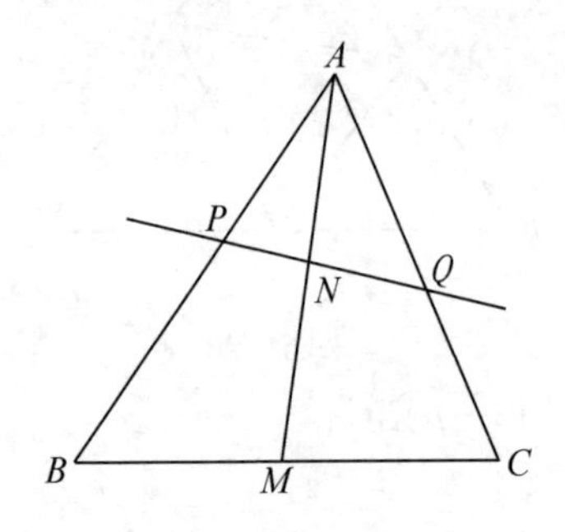


图 5－21

任作一条直线分别交 $AB$、$AC$、$AM$ 于 $P$、$Q$、$N$。求证：$\frac{AB}{AP}$，$\frac{AM}{AN}$，$\frac{AC}{AQ}$成等差数列。

**证明**：用共角定理

$$\frac{\triangle APN}{\triangle ABM}=\frac{AP}{AB}\cdot\frac{AN}{AM}, \tag{1}$$

$$\frac{\triangle AQN}{\triangle ACM}=\frac{AQ}{AC}\cdot\frac{AN}{AM}。 \tag{2}$$

(1)＋(2)，并注意到

$$\triangle ACM=\triangle ABM=\frac{1}{2}\triangle ABC,$$

得　$$\frac{AN}{AM}\left(\frac{AP}{AB}+\frac{AQ}{AC}\right)=\frac{\triangle APN+\triangle AQN}{\frac{1}{2}\triangle ABC}$$

$$=\frac{2\triangle APQ}{\triangle ABC}=2\times\frac{AP\cdot AQ}{AB\cdot AC}。\tag{3}$$

由（3）解出

$$\frac{AM}{AN}=\frac{1}{2}\left(\frac{AP}{AB}+\frac{AQ}{AC}\right)\times\frac{AB\cdot AC}{AP\cdot AQ}=\frac{1}{2}\left(\frac{AC}{AQ}+\frac{AB}{AP}\right),$$

这和要证的结论等价。

**[例 5.3.20]** 如图 5－22，在凸四边形 $ABCD$ 中，已知 $AB=CD$，$E$、$F$ 分别是 $AD$、$BC$ 的中点。延长 $BA$、$CD$，分别交 $EF$ 的延长线于 $P$、$Q$。求证：$PA=QD$。

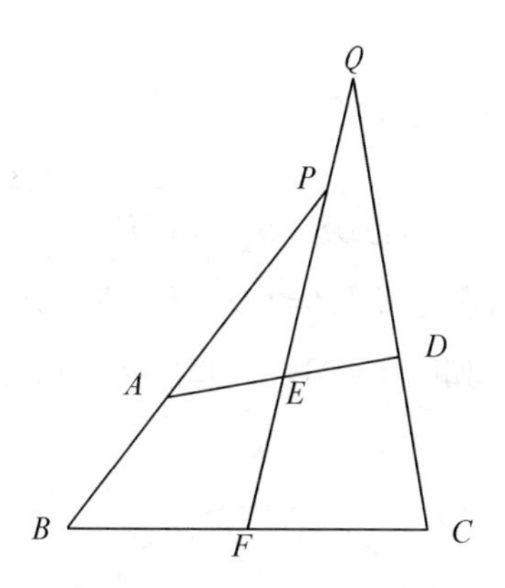


图 5－22

**证明**：根据共角定理可得下列等式：

$$\frac{\triangle EPA}{\triangle EQD}=\frac{EP\cdot EA}{EQ\cdot ED}=\frac{EP}{EQ},\tag{1}$$

$$\frac{\triangle FQC}{\triangle FPB}=\frac{FQ\cdot FC}{FP\cdot FB}=\frac{FQ}{FP},\tag{2}$$

$$\frac{\triangle QED}{\triangle QFC}=\frac{EQ\cdot DQ}{FQ\cdot CQ},\tag{3}$$

$$\frac{\triangle PFB}{\triangle PEA}=\frac{FP\cdot BP}{EP\cdot AP}。\tag{4}$$

(1)×(2)×(3)×(4)得

$$1=\frac{DQ}{CQ}\cdot\frac{BP}{AP}。\tag{5}$$

记 $l=AB=CD$，由（5）得

$$\frac{DQ+l}{DQ}=\frac{AP+l}{AP},$$

化简即得 $PA=QD$。 □

此题用共边定理解法如下：

$$\frac{CQ}{DQ}=\frac{\triangle CEF}{\triangle DEF}=\frac{\triangle BEF}{\triangle AEF}=\frac{BP}{AP}。$$

此即上列(5)式，由它可得 $BP=CQ$（用 $AB=CD$）。

**[例 5.3.21]** 如图 5-23，设圆内两弦 $AB$、$CD$ 交于 $P$，求证：$PA\cdot PB=PC\cdot PD$。

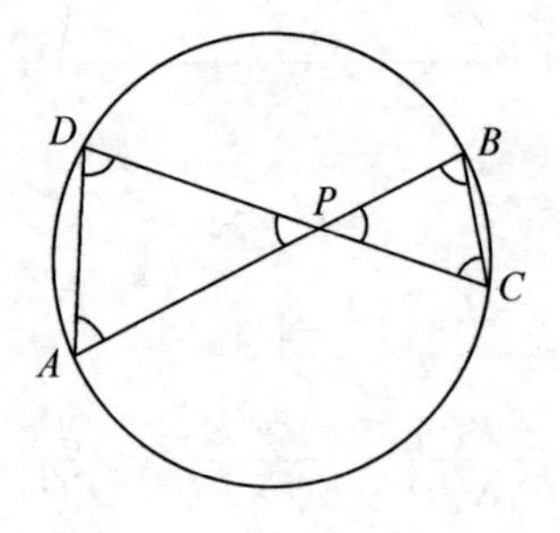


图 5-23

**证明**：用共角定理

$$\frac{\triangle APD}{\triangle CBP}=\frac{AP\cdot AD}{PC\cdot BC}=\frac{PD\cdot AD}{PB\cdot BC},$$

约简后即得$\frac{PA}{PC}=\frac{PD}{PB}$，亦即 $PA\cdot PB=PC\cdot PD$。 □

当然，这个命题也可用相似三角形来证。但用共角三角形证明，不仅减少了中间推理（建立相似三角形判定法），而且避免了辨别相似三角形对应边的麻烦。

**[例 5.3.22]** （蝴蝶定理）如图 5－24，设圆内的弦 $AB$ 的中点为 $M$，过 $M$ 任作两弦 $CD$、$EF$。连 $CE$、$DF$，分别交 $AB$ 于 $G$、$H$。求证：$MG=MH$。

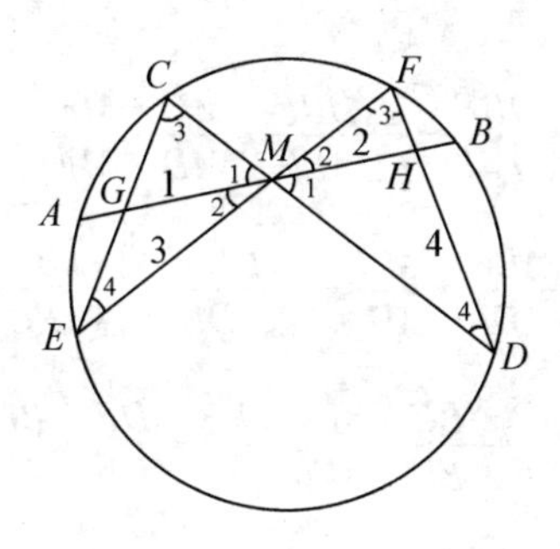


图 5－24

**证明**：把图中所标出的 4 个三角形循环相比、连乘，再用共角定理及例 5.3.21 的结论：

$$1=\frac{\triangle 1}{\triangle 2}\cdot\frac{\triangle 2}{\triangle 3}\cdot\frac{\triangle 3}{\triangle 4}\cdot\frac{\triangle 4}{\triangle 1}$$

$$=\frac{GC\cdot MC}{HF\cdot MF}\cdot\frac{MF\cdot MH}{ME\cdot MG}\cdot\frac{ME\cdot GE}{MD\cdot HD}\cdot\frac{MD\cdot MH}{MG\cdot MC}$$

$$=\frac{MH^2}{MG^2}\cdot\frac{GC\cdot GE}{HF\cdot HD}=\frac{MH^2}{MG^2}\cdot\frac{GA\cdot GB}{HA\cdot HB}。\tag{1}$$

设 $MA=MB=a$，$MH=x$，$MG=y$，则 $GA=a-y$，$GB=a+y$，$HB=a-x$，$HA=a+x$，则(1)式可改写成

$$x^2(a^2-y^2)=y^2(a^2-x^2)。\tag{2}$$

化简(2)式，得 $a^2x^2=a^2y^2$，即 $x=y$，也就是 $MG=MH$。 □

蝴蝶定理的另一种面积证法更为直接：

$$\frac{MG}{GA}\cdot\frac{BH}{MH}$$

$$=\frac{\triangle MEC}{\triangle AEC}\cdot\frac{\triangle DBF}{\triangle DMF}=\frac{\triangle DBF}{\triangle AEC}\cdot\frac{MC\cdot ME}{MD\cdot MF}$$

$$=\frac{\triangle DBF}{\triangle AEC}\cdot\frac{\triangle ABC}{\triangle ADB}\cdot\frac{ME}{MF}=\frac{\triangle DBF}{\triangle ADB}\cdot\frac{\triangle ABC}{\triangle AEC}\cdot\frac{ME}{MF}$$

$$=\frac{FB\cdot DF}{AB\cdot AD}\cdot\frac{AB\cdot BC}{AE\cdot EC}\cdot\frac{ME}{MF}=\frac{FB}{AE}\cdot\frac{DF}{CE}\cdot\frac{BC}{AD}\cdot\frac{ME}{MF}$$

$$=\frac{BM}{ME}\cdot\frac{MF}{MC}\cdot\frac{MC}{AM}\cdot\frac{ME}{MF}=\frac{BM}{AM}=1。$$

可见
$$\frac{MG}{GA}=\frac{MH}{HB},$$

即
$$\frac{MG}{a-MG}=\frac{MH}{a-MH},$$

从而得到
$$MG=MH。$$
□

蝴蝶定理是初等几何著名难题之一，利用共角定理证明，不仅简单明了，还不用作辅助线。这一证法把共角定理的作用发挥得淋漓尽致，充分体现了面积法的攻坚能力。

## 5.4 逻辑展开

在我们用众多的例题展示了共边定理与共角定理的广泛应用之后，就可以回过头来，把我们的基本工具——共边三角形与共角三角形，同欧几里得的基本工具——全等三角形与相似三角形作一个粗略的比较。

“共边三角形”与“共角三角形”，作为基本工具有什么好处呢?

其一是**通用性**。从统计学观点看，任给几个点连成直线，出现一对全等三角形或一对相似三角形的机会太少了，概率为0。所以想利用“全等”“相似”来解题，就常常要挖空心思作辅助线，凑出全等三角形或相似三角形来。而作辅助线规律不好掌握，学生会觉得无章可循，非常困难。但共边三角形和共角三角形却比比皆是，因此它们的性质到处都用得上。

其二是**条件和结论的对等性**。要证明两条线段相等，常用的办法之一是构造一对全等三角形，使这两条线段成为它们的对应边。但要证明这两个三角形全等，却要满足3个条件。这就是说：为了得到一个等式，先要建立3个等式。这就有点不合算了。而在共边定理和共角定理中，却是从一个条件得到一个结论。这种对等性往往能简化证明的过程。

其三是基础的单纯性和表述的简明性。共边定理和共角定理，直接建立在小学生已经熟悉的三角形面积公式的一个简单推论上，学起来简单，也容易记得牢。而全等三角形和相似三角形的理论，推导过程较长，判定条件又多，在可接受方面相对较差。

但是，就直接包含的信息量而言，“共边”与“共角”两个定理，似不及“全等”与“相似”那一套东西丰富。解决某些问题，传统的方法也有它的简洁明快之处，因此作为宝贵遗产的一部分，我们应当把它继承下来而不是摒弃。

因此，我们在共边与共角定理的基础上进一步展开，同时把“全等”与“相似”理论作为辅助工具，兼容并包，会获得更丰富的信息与更多的解题工具。

在共边定理的基础上，我们已经建立了非常实用的命题。

**定比分点公式** 若 $P$、$Q$ 两点在直线 $AB$ 的同侧，$R$ 在线段 $PQ$ 上，$RP=\lambda PQ$。则有

$$\triangle RAB=\lambda\triangle QAB+(1-\lambda)\triangle PAB。$$

这就是已经证明过的例题 5.3.8。我们简单地应用定比分点公式，可得到平行与面积的关系。

**命题 5.4.1** 设 $M$、$N$ 两点在直线 $AB$ 的同侧，则 $MN//AB$ 的充分必要条件是 $\triangle MAB=\triangle NAB$。

这是上一小节已证明的例题5.3.9。现在，我们马上就可以推出欧几里得的“第五公设”了。但在这里，它可以不作为公理而作为定理。

**欧几里得平行公理** 过直线 $AB$ 外一点 $P$，有且仅有一条直线 $PQ$ 平行于 $AB$。

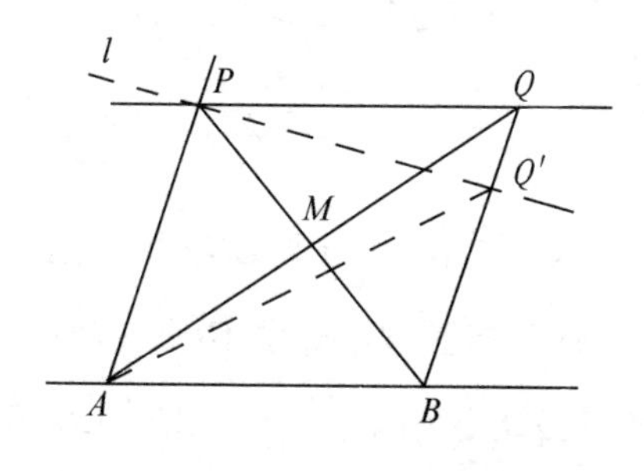


图 5－25

**证明**：如图 5－25，连结 $PB$，设 $PB$ 中点为 $M$，连 $AM$ 延长至 $Q$，使 $MQ=AM$，则

$$\triangle ABQ=2\triangle AMB=\triangle ABP,$$

故 $PQ/\!/AB$。这证明了过 $P$ 可作 $AB$ 的平行线。

再证明唯一性。如果 $l$ 是过 $P$ 的另一条平行线，不妨设与 $BQ$ 的交点 $Q'$ 在 $B$、$Q$ 之间，这时 $\triangle Q'AB<\triangle PAB$，于是 $l$ 不与 $AB$ 平行。□

有了这条命题，按传统方法，马上可以推出平行线的内错角、同位角、同旁内角等判定方法。鉴于目前的教科书上已不提及中间的推导过程，我们不妨在这里列出来，以方便读者学习。

**命题 5.4.2** 两直线 $AB$、$CD$ 和另一直线 $l$ 交于 $P$、$Q$，若同位角相等，则 $AB /\!/ CD$。

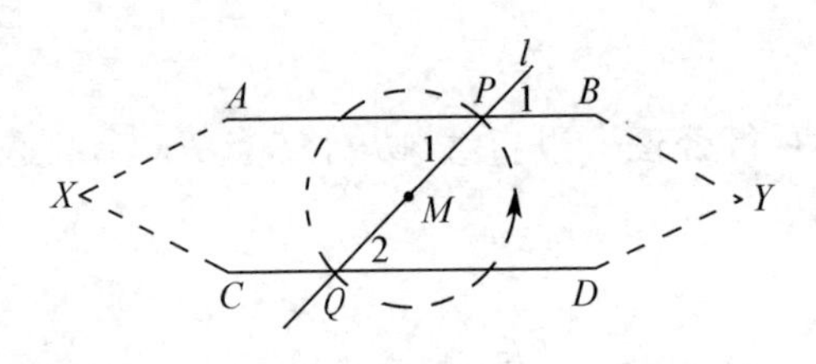


图 5-26

**证明**：如图 5-26，若直线 $AB$ 与 $CD$ 交于点 $X$，取 $PQ$ 中点 $M$，图形绕 $M$ 旋转 180°，则 $P$ 转到 $Q$，直线 $AB$ 与 $CD$ 换位，而交点 $X$ 变为交点 $Y$。这样，两直线就交于两点了，故 $AB$、$CD$ 不相交。 □

再利用平行线的唯一性，便可推出"若 $AB /\!/ CD$，则它们被另一直线所截时，其同位角相等"。这是"内角和定理"的根据。

在我们的体系中，不用旋转的概念，也能获取平行线的这条性质。我们可以从共角定理出发，开辟另一条战线。

**定义 5.4.1** 顶角为 $\alpha(0° \leqslant \alpha \leqslant 180°)$，腰长为 1 的等腰三角形，其面积记作 $S(\alpha)$。$S(\alpha)$ 的 2 倍叫做 $\alpha$ 的正弦，记作 $\sin \alpha$。

有了这个定义，我们就可以从共角定理得到三角形面积公式。

**命题 5.4.3** 对任意三角形 $\triangle ABC$，有

$$\triangle ABC = \frac{1}{2} bc\sin A = \frac{1}{2} ac\sin B = \frac{1}{2} ab\sin C。$$

**证明**：在共角定理中，取 $\angle A' = \angle A$，$A'B' = 1$，$A'C' = 1$，立刻得

$$\triangle ABC = AB \cdot AC \cdot \triangle A'B'C' = AB \cdot AC \cdot S(A')$$

$$= \frac{1}{2}bc\sin A' = \frac{1}{2}bc\sin A。\quad \square$$

这样的正弦定义，和定义 4.3.1 当然是一致的。如果我们约定单位正方形面积为 1，顶角为 0°或 180°的等腰三角形面积为 0，立刻可知下列一些性质。

**正弦函数的基本性质**

（1）$\sin 0° = \sin 180° = 0$，$\sin 90° = 1$。

（2）对 $0° \leqslant \alpha \leqslant 180°$，有 $\sin\alpha = \sin(180° - \alpha)$。

（3）当 $0° \leqslant \alpha < \beta$，且 $\alpha + \beta < 180°$，有 $\sin\alpha < \sin\beta$；

当 $90° \leqslant \alpha < \beta \leqslant 180°$，有 $\sin\alpha > \sin\beta$。

（4）当 $0° \leqslant \alpha \leqslant 180°$，$0° \leqslant \beta \leqslant 180°$，且仅当 $\alpha = \beta$ 或 $\alpha + \beta = 180°$ 时，才有 $\sin\alpha = \sin\beta$。

这几条性质中，(1) 由定义得出，(2) 的显然性由图 5－27 可知：

$\sin\alpha = 2\triangle ABC = 2\triangle ACD = \sin(180° - \alpha)$，

而（3）已在例 4.4.2 中加以证明，（4）则是（3）的推论。有了 (4)，

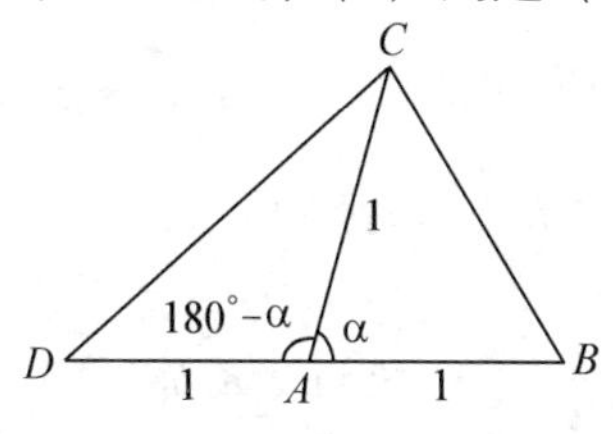


图 5－27

就能由面积确定角度了。

于是，共角比例定理可以完善成为

**命题 5.4.4** 若$\triangle ABC$与$\triangle A'B'C'$中，有$\angle A=\angle A'$或$\angle A+\angle A'=180°$，则$\dfrac{\triangle ABC}{\triangle A'B'C'}=\dfrac{AB\cdot AC}{A'B'\cdot A'C'}$。反之，若这个等式成立，则$\angle A=\angle A'$或$\angle A+\angle A'=180°$。

从此，我们有了一个证明两角相等或两角互补的工具。

现在书归正传，继续转向对平行线的研究。

**命题 5.4.5** $PQ /\!/ AB$，若直线$l$与$AB$垂直，则$l$也和$PQ$垂直。

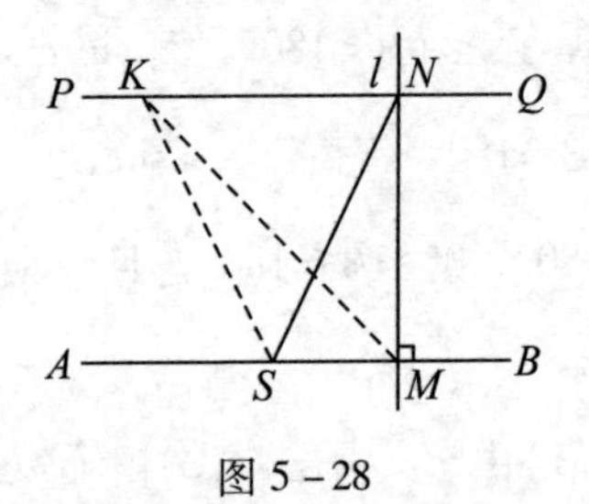


图 5-28

**证明**：如图5-28，$l$交$AB$于$M$，交$PQ$于$N$。用反证法设$\angle NMB=90°$，而$\angle MNQ\neq 90°$，过$N$作$PQ$之垂线交$AB$于$S$。在$PQ$上取异于$N$的点$K$，由$PQ /\!/ AB$得

$$\frac{1}{2}KN\cdot SN=\triangle KNS=\triangle KNM$$

$$=\frac{1}{2}KN\cdot MN\sin\angle KNM,$$

$$\frac{1}{2}SM\cdot MN=\triangle SMN=\frac{1}{2}SM\cdot SN\sin\angle NSM。$$

两式化简分别得到 $SN = MN\sin\angle KNM < MN$ 和 $MN = SN\sin\angle NSM \leqslant SN$，这二者是矛盾的。□

于是立刻得到

**推论 5.4.1** 若直线 $l_1$、$l_2$、$l_3$ 中，$l_1 \perp l_3$，$l_2 \perp l_3$，则$l_1 /\!/ l_2$。

**推论 5.4.2** 平行线处处等距。

**推论 5.4.3** 若直线 $l_1 /\!/ l_2$，而 $l_3$ 与 $l_1$、$l_2$ 相截，则内错角相等。

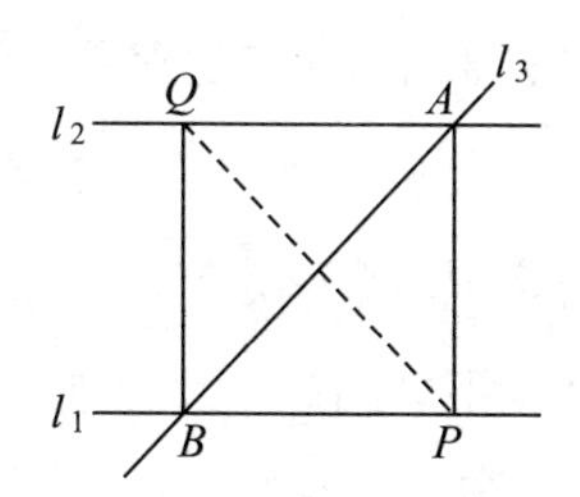


图 5－29

**证明**：如图 5－29，不妨设 $l_3$ 不与 $l_1$、$l_2$ 垂直，$l_3$ 分别交 $l_1$、$l_2$ 于 $A$、$B$。过 $A$、$B$ 作 $l_1$、$l_2$ 的垂线，分别交 $l_1$、$l_2$ 于 $P$、$Q$。由命题5.4.5可知 $PA \perp PB$，于是

$$\frac{\triangle BAP}{\triangle ABQ} = \frac{\triangle PAB}{\triangle APQ} = \frac{PA \cdot PB}{PA \cdot QA} = \frac{PB \cdot AB}{QA \cdot AB}。$$

应用命题 5.4.4，可知$\angle PBA$ 和$\angle BAQ$ 相等或互补，因两者都是锐角，故$\angle PBA = \angle BAQ$。□

再应用平行线的唯一性，可知推论 5.4.2 的逆命题也真。“三线八角”的平行判定便有了。重要的副产品是

**推论 5.4.4** 三角形内角和等于 180°。

这样，我们表明了一个事实：从我们的基本命题（如图5－3）出发，确能导出内角和定理。这也并不新鲜，高斯早已指出："只要承认平面上有面积任意大的三角形，就能导出平行公理。"我们的基本命题当然蕴涵了"有任意大的三角形"这一事实。

当然，在实际教学中不一定采用这种迂回的方法。从平行线的唯一性着手，用传统方法推出内角和定理是可取的。

有了以上的准备，再向前，我们便可以像定义 4.3.2 那样，导出正弦定理、正弦加法定理、余弦定义、余弦定理以及三角形全等或相似的判定定理。略有不同的是，我们这里建议再添加一条有用的命题——又一个到处用得上的解题工具。

**张角公式** 由 $P$ 发出的 3 条射线 $PA$、$PB$、$PC$，使 $\angle APC=\alpha$，$\angle CPB=\beta$，$\angle APB=\alpha+\beta<180^\circ$，则 $A$、$B$、$C$ 3 点在一条直线上的充分必要条件是

$$\frac{\sin(\alpha+\beta)}{PC}=\frac{\sin\alpha}{PB}+\frac{\sin\beta}{PA}。\tag{5.4.1}$$

**证明**：这个命题的证明，用的是典型的面积方法。

如图 5－30，如果 $A$、$B$、$C$ 共线，有

$$\triangle PAB=\triangle Ⅰ+\triangle Ⅱ。\tag{5.4.2}$$

用三角形面积公式，可得

$$\frac{1}{2}PA\cdot PB\sin(\alpha+\beta)$$

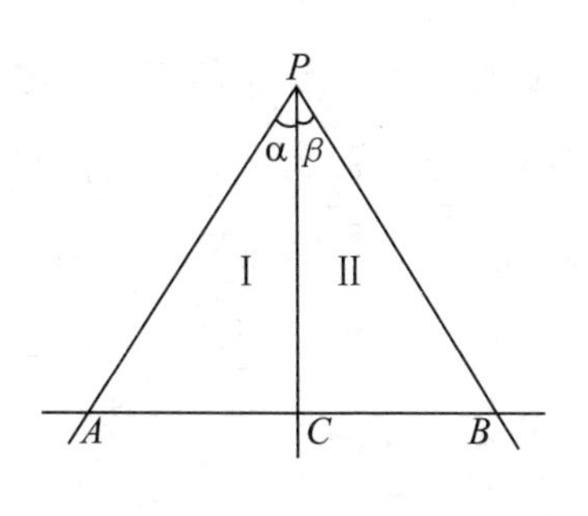


图 5－30

$$=\frac{1}{2}PA\cdot PC\sin\alpha+\frac{1}{2}PB\cdot PC\sin\beta,$$

两边同除以$\frac{1}{2}PA\cdot PB\cdot PC$，即得所要的（5.4.1）式。

反过来，若（5.4.1）式成立，两边同乘$\frac{1}{2}PA\cdot PB\cdot PC$即得（5.4.2）式，这表明

$$\triangle ABC=|\triangle PAB-\triangle \mathrm{I}-\triangle \mathrm{II}|=0,$$

也就是说 $A$、$B$、$C$ 共线。 □

在图 5－30 中，取 $PC\perp AB$，由张角公式立刻导出正弦加法定理。取 $PB\perp AB$，并设 $\alpha+\beta=x$，$\beta=y$，则 $\alpha=x-y$，则由张角公式可推出正弦减法定理。

张角公式的更多应用，将在下一小节专门加以介绍。现在，我们花不多的篇幅来谈谈圆。

对圆的研究，是平面几何逻辑展开过程中的一个高潮。有了圆，几何的应用才更加广泛，几何题目也更加丰富多彩。

传统教材中，有关圆的章节出现得较晚。这不仅是由简入繁的自然趋势，也是逻辑的需要。因为研究圆的性质要用到全等三角形和相似三角形（例如弦切割定理的证明，便要用到相似三角形）。

我们却不必如此。有了共角比例定理、共边比例定理和三角形内角和定理，便能直接进入这个丰富多彩的领域了。这又体现出放射型逻辑结构的特色。

关于圆，有许多的定理。哪个是最重要的交通枢纽呢？这是我们首先要解决的问题。

我们认为，“同弧上的圆周角相等”，即所谓的“圆周角定理”，在重要性上首屈一指。因为

（1）统计表明，在解决几何问题时它被使用的频率最高。

（2）从逻辑上讲，它完全刻画了圆的性质。由它可以毫不费力地推出其他有关圆的定理。

（3）它本身不容易被其他已知的定理所代替。（例如“垂直于弦的直径平分此弦”这条定理，就容易被“等腰三角形底边上的高与中线重合”所代替。）

于是，引入圆的定义之后，先要建立圆周角定理，为此需要两条定理：一条是“三角形内角和为 180°”，另一条是“等腰三角形两底角相等”。前者我们已经证明，后者可由正弦定理导出，也可以直接证明。

**命题 5.4.6** 等腰三角形两底角相等。

**证明**：设$\triangle ABC$中$AB=AC$，则

$$\frac{\triangle BAC}{\triangle CAB}=1=\frac{AB\cdot BC}{AC\cdot BC}。$$

由共角比例定理的完善形式（命题 5.4.4），可知$\angle B=\angle C$或$\angle B+\angle C=180°$，但后者不可能。 □

当然，也可以用余弦定理或全等三角形来做，但逻辑路线要长一些。

圆周角定理就不在这里推证了。圆周角定理的一系列推论，可分为 3 类：

第一类涉及与圆有关的角的度量，例如圆内接四边形对角互补、平行弦所夹两弧相等、弦切角定理、圆内角与圆外角定理等。

第二类涉及与圆有关的线段之间的关系。主要是：

**圆幂定理** 过点 $P$ 的直线交圆于 $A$、$B$，圆心为 $O$，半径为 $r$，则有

$$PA\cdot PB=|OP^2-r^2|。$$

圆幂定理的另一形式是

**弦切割定理** 过 $P$ 点作直线交圆于 $A$、$B$，又作直线交圆于 $C$、$D$ 则

$$PA\cdot PB=PC\cdot PD。\qquad(5.4.3)$$

关于 $P$ 在圆内的情形，我们已作为例题（例 5.3.21）在前一小

节给出。其实，我们可以用共角定理，对 $P$ 在圆内、圆外的情形统一证明。如图 5－31，不论哪种情形，在 $\triangle APC$ 与 $\triangle DBP$ 中，总有 $\angle A=\angle D$，$\angle B=\angle C$，由共角定理可得

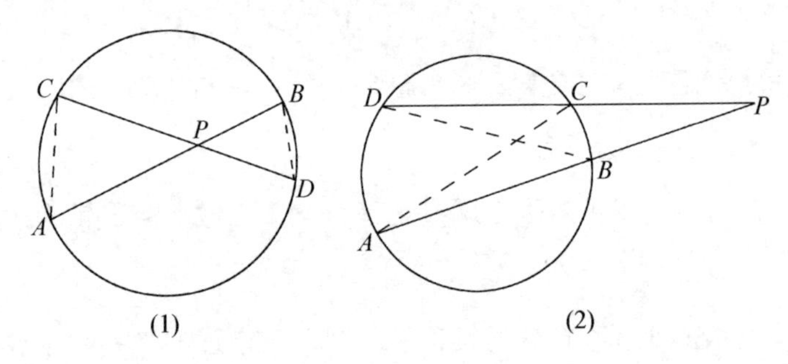


图 5－31

$$\frac{AC\cdot AP}{DB\cdot DP}=\frac{\triangle ACP}{\triangle DBP}=\frac{AC\cdot PC}{DB\cdot PB}。$$

两端约去$\frac{AC}{DB}$，即得所要的（5.4.3）式。这种证法并不排除 $A$ 与 $B$（或 $C$ 与 $D$）重合的情形。

这里用共角定理代替相似三角形，不仅简化了整体的逻辑结构，在细节上也省去了寻找相似三角形对应边的麻烦。

第三类涉及有关圆的线段与角之间的关系，主要是

**弦长公式** 若圆 $O$ 的直径为 $d$，弦 $BC$ 所对的圆周角为 $\angle BAC=A$，则有 $BC=d\sin A$。

**证明**：如图 5－32，过 $B$ 作圆 $O$ 的直径 $BD$，则 $\angle A$ 与 $\angle D$ 相等或互补（当 $A$ 在 $A'$ 位置时），于是

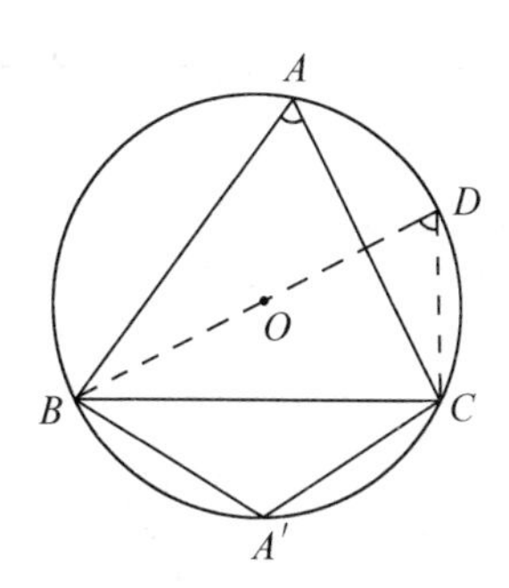


图 5－32

$$\frac{1}{2}BC \cdot CD = \triangle BCD = \frac{1}{2}BD \cdot CD\sin D = \frac{1}{2}BD \cdot CD\sin A,$$

两端约去$\frac{1}{2}CD$，即得

$$BC = BD\sin A。$$ □

对于 $BD=1$ 的情形，弦长 $BC=\sin A$。这个等式给“正弦”这个名词以生动的解释。

至此，我们都还没提到过切线。其实，关于切线的一些性质，可以作为圆周角定理、圆幂定理和弦长公式的推论。例如：弦切角定理是圆周角定理的特例；圆幂定理中当 $A$ 与 $B$ 重合、且 $C$ 与 $D$ 重合时，便成了“自圆外一点所作的两切线等长”。

不过，我们倒可以借计算切线长度的机会，引入另一个重要的三角函数——正切。

如图 5－33，在直径为 $d$ 的圆中有弦 $AB$，过 $A$、$B$ 分别作圆的切

线相交于 $D$，记 $AD=BD=l$，$\angle DAB=\angle DBA=\angle ACB=\alpha$，则 $AB=d\sin\alpha$。由

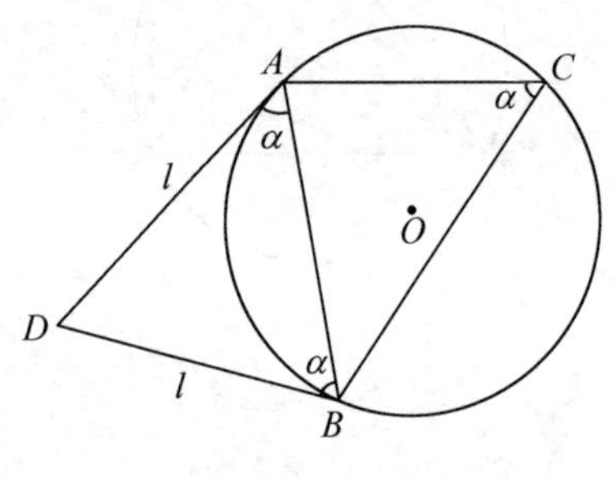


图 5－33

$$\frac{1}{2}l^2\sin(180°-2\alpha)=\triangle ABD=\frac{1}{2}l\cdot AB\cdot\sin\alpha,$$

即
$$l\cdot 2\sin\alpha\cdot\cos\alpha=d\cdot\sin\alpha\cdot\sin\alpha,$$

可得
$$2l=\frac{d\sin\alpha}{\cos\alpha}。$$

在上式中出现的式子 $\frac{\sin\alpha}{\cos\alpha}$ 是十分有用的，我们给它一个记号 $\tan\alpha$，称为正切。

**命题 5.4.7** 比值 $\frac{\sin\alpha}{\cos\alpha}$ 叫做角 $\alpha$ 的正切，记号是

$$\tan\alpha=\frac{\sin\alpha}{\cos\alpha}\quad(\alpha\neq 90°, 0\leqslant\alpha\leqslant 180°)。$$

正切的倒数叫做余切，记号是

$$\cot\alpha=\frac{\cos\alpha}{\sin\alpha}\quad(0°<\alpha<180°)。$$

记号 $\sin\alpha$、$\cos\alpha$、$\tan\alpha$、$\cot\alpha$ 的引入，可以简化几何学中推理的表述，但不改变推理的实质。有关三角函数的一切推理，总可以归结为关于正弦的推理。而正弦，不过是一块特定面积的代号。这说明解几何题的三角法，总可以还原为“纯”几何法，特别是还原为面积法。

有了正切之后，我们还可以从图 5－33 中发现一个有趣的事实。

**命题 5.4.8** 在直径为 $d$ 的圆中有:

圆周角 $\alpha$ 所对的弦长 $=d\times\alpha$ 的正弦。

圆周角 $\alpha$ 所对的弧长 $=d\times\alpha$ 的弧度。

圆周角 $\alpha$ 所对的切折线长 $=d\times\alpha$ 的正切。这里，“切折线长”即图 5－33 中 $AD+DB=2l$。

关于正切与余切的性质和有关公式，以及解三角形的正切定理，这里不赘述。

利用弦长和切折线长的计算公式，容易得到

**命题 5.4.9** 直径为 $d$ 的圆中，外切正 $n$ 边形的周长 $L_n$ 和面积 $S_n$ 分别为

$$L_n = nd\tan\frac{180^\circ}{n} \quad (n\geqslant 3),$$

$$S_n = \frac{nd^2}{4}\tan\frac{180^\circ}{n} \quad (n\geqslant 3)。$$

而内接正 $n$ 边形周长 $l_n$ 和面积 $s_n$ 分别为

$$l_n = nd\sin\frac{180°}{n} \quad (n \geqslant 3),$$

$$s_n = \frac{nd^2}{8}\sin\frac{360°}{n} \quad (n \geqslant 3)。$$

于是立刻知道

**命题 5.4.10** 设直径为 $d$ 的圆面积为 $S_d$，则当 $n \geqslant 3$ 时

$$\frac{nd^2}{8}\sin\frac{360°}{n} = s_n < S_d < S_n = \frac{nd^2}{4}\tan\frac{180°}{n}。$$

若以 $r = \frac{1}{2}d$ 记半径，$S(r)$ 记半径为 $r$ 的圆的面积，则有

$$\frac{nr^2}{2}\sin\frac{360°}{n} < S(r) < nr^2\tan\frac{180°}{n} \quad (n \geqslant 3)。 \tag{5.4.4}$$

于是，单位圆面积 $S(1)$ 满足不等式

$$n\tan\frac{180°}{n} > S(1) > \frac{n}{2}\sin\frac{360°}{n} \quad (n \geqslant 3)。 \tag{5.4.5}$$

把（5.4.4）式和（5.4.5）式相比，得到

$$r^2\cos^2\frac{180°}{n} < \frac{S(r)}{S(1)} < r^2 \cdot \frac{1}{\cos^2\frac{180°}{n}}。 \tag{5.4.6}$$

我们由此不等式来推出 $\frac{S(r)}{S(1)} = r^2$。用 $r^2$ 除（5.4.6）式，再减去 1 可得：

$$\cos^2\frac{180°}{n} - 1 < \frac{S(r)}{r^2S(1)} - 1 < \frac{1}{\cos^2\frac{180°}{n}} - 1 \quad (n \geqslant 3),$$

也就是

$$-\sin^2\frac{180°}{n} < \frac{S(r)}{r^2S(1)} - 1 < \frac{\sin^2\frac{180°}{n}}{\cos^2\frac{180°}{n}} \quad (n \geqslant 3)。$$

记 $\left|\dfrac{S(r)}{r^2S(1)}-1\right|=d$，则

$$0\leqslant d<\frac{\sin^2\dfrac{180^\circ}{n}}{\cos^2\dfrac{180^\circ}{n}}=\frac{\sin^2\dfrac{\pi}{n}}{\cos^2\dfrac{\pi}{n}}\quad(n\geqslant 3)。$$

当 $n\geqslant 3$ 时，$\cos^2\dfrac{\pi}{n}\geqslant\dfrac{1}{2}$，故

$$0\leqslant d<2\sin^2\frac{\pi}{n}<\frac{2\pi^2}{n^2}<\frac{32}{n^2}\quad(n\geqslant 3)。$$

用反证法。若 $d\neq 0$，取 $n=6\left[\dfrac{1}{d}+1\right]$（$[x]$ 表示 $x$ 的整数部分）得

$$0<d<\frac{32}{36\left[\dfrac{1}{d}+1\right]^2}<\frac{1}{\left[\dfrac{1}{d}+1\right]}\leqslant d,$$

即 $d<d$，矛盾。这说明 $d=0$，也就是

$$\frac{S(r)}{S(1)}=r^2,$$

即
$$S(r)=S(1)r^2。$$

**命题 5.4.11** 圆面积与半径的平方成正比。

约定一个记号 $\pi=S(1)$，就得到了圆面积公式

$$S(r)=\pi r^2。$$

这个公式是通过严格推理得到的，甚至可以说没有借助极限概念。

至于 $\pi$ 的计算，可以利用（5.4.6）式得

$$\cos\frac{180^\circ}{n} < \frac{\pi}{n\sin\frac{180^\circ}{n}} < \frac{1}{\cos\frac{180^\circ}{n}}。$$

这表明，当 $n$ 足够大时，$n\sin\frac{180^\circ}{n}$可以任意接近 $\pi$，即

$$\lim_{n\to+\infty} n\sin\frac{180^\circ}{n} = \pi。$$

圆的周长是多少？这涉及曲线长度的定义问题，通常我们把曲线长定义为折线长的极限。这种定义方法有个缺点：不能向高维推广，不能类似地定义球的表面积。

我们主张从面积出发定义曲线长度。具体的方法是先把线“扩大”，变成一条宽度为 $2\delta$ 的带子。设带子面积为 $F_\delta$，再用下列极限定义曲线的长度 $l$（如图 5－34）：

$$l = \lim_{\delta\to 0}\frac{F_\delta}{2\delta}。$$

这样定义的好处是：自然地把曲线长度和面积联系起来，而且可

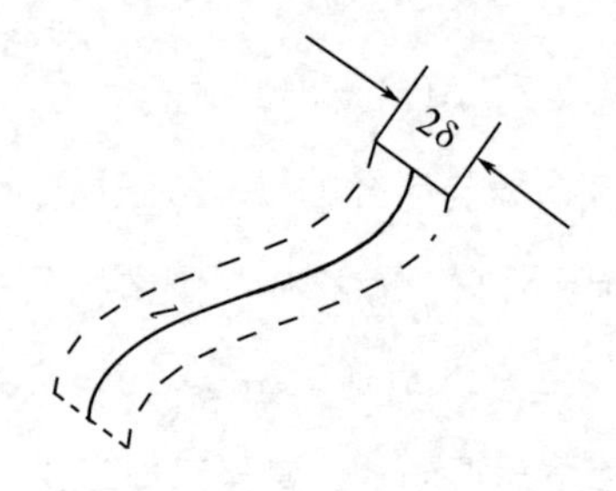


图 5－34

以推广到用体积定义空间曲面面积。

按我们的定义，圆周长很容易计算：把半径为 $r$ 的圆周先扩大成一个圆环，圆环外半径为 $r+\delta$，内半径为 $r-\delta$，宽度为 $2\delta$，面积

$$F_\delta=\pi(r+\delta)^2-\pi(r-\delta)^2=4\pi r\delta。$$

按定义可求出圆周长为

$$\lim_{\delta\to 0}\frac{4\pi r\delta}{2\delta}=2\pi r。$$

类似地，如果先把一个球的表面加厚成一个厚度为 $2\delta$ 的球壳体，把壳体体积 $U_\delta$ 除以 $2\delta$，让 $\delta\to 0$ 取极限，就能求出球面积。

至此，我们已经描绘出改建后几何园地交通系统的鸟瞰图。为了给来几何园地旅游观光的人提供方便，这里列出 3 套方法，可以帮助他们解决各式各样的问题。

第一套：**面积方法**。所用的工具是共边定理、共角定理、张角公式和三角形面积公式。这是我们的基本方法。

第二套：**三角方法**。用正弦定理、余弦定理、正弦和余弦的加减法定理及一些三角恒等式。

第三套：**全等与相似法**，即古典欧氏方法。

这 3 套方法，还都要用到关于平行线的一些命题以及三角形内角和定理、圆周角定理等。

在传统的欧氏方法中，还引入了一些用起来颇为方便的辅助工具。例如：平行四边形对角线互相平分，三角形的中位线定理、平行截割

定理等。这些命题都能直接由面积关系导出，下面就举例证明。

**[例 5.4.1]** 试证明：平行四边形的对角线互相平分。反之，对角线互相平分的四边形是平行四边形。

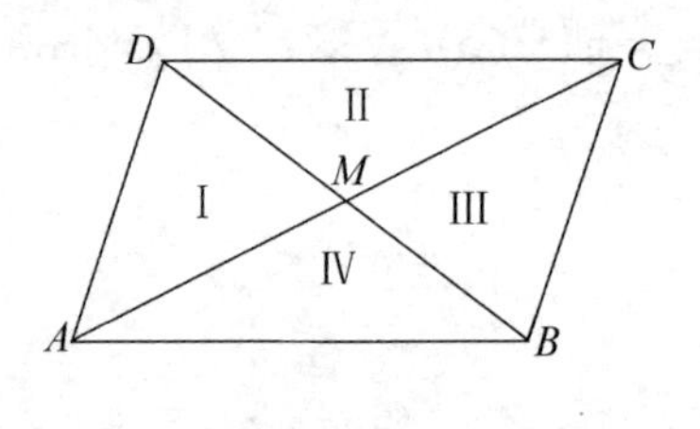


图 5－35

**证明**：如图 5－35，若 $AB /\!/ CD$，$BC /\!/ AD$，则

$$\triangle ABD = \triangle ABC = \triangle BDC。$$

由共边定理得

$$\frac{MA}{MC} = \frac{\triangle ABD}{\triangle BDC} = 1,$$

即 $$MA = MC。$$

同理， $$MB = MD。$$

反之，若 $M$ 同为 $BD$、$AC$ 之中点，则

$$\triangle \text{I} = \triangle \text{II} = \triangle \text{III} = \triangle \text{IV},$$

从而 $\triangle ABD = \triangle ABC$，故 $AB /\!/ DC$，同理 $AD /\!/ BC$。 □

这比通常用全等三角形证明要简便。

**[例 5.4.2]** 如图 5－36，直线 $l_1$、$l_2$、$l_3$ 互相平行，直线 $m$、$n$ 分别交 $l_1$、$l_2$、$l_3$ 于 $A_1$、$A_2$、$A_3$ 和 $B_1$、$B_2$、$B_3$。求证：$\frac{A_1A_2}{A_2A_3} = \frac{B_1B_2}{B_2B_3}$。

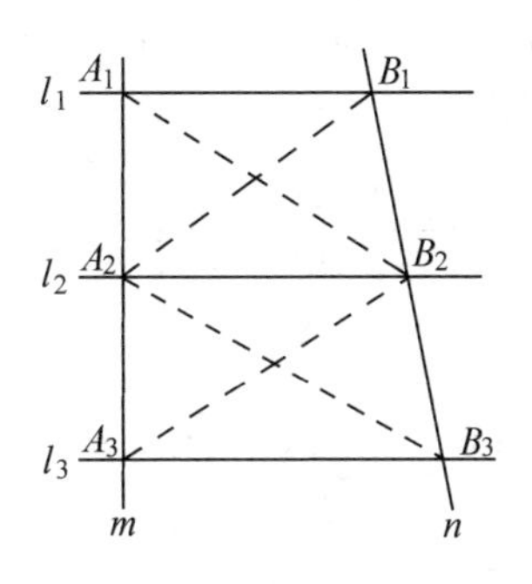


图 5 – 36

**证明**：$\frac{A_1A_2}{A_2A_3}=\frac{\triangle A_1A_2B_2}{\triangle A_2A_3B_2}=\frac{\triangle B_1B_2A_2}{\triangle B_2B_3A_2}=\frac{B_1B_2}{B_2B_3}$。 □

这就是所谓的“平行截割定理”，通常要在作了不少准备之后才能得到它，由此可见面积法的简便。

**[例 5.4.3]** （三角形的中位线定理）三角形两边中点连线平行于第三边，且等于第三边的一半。

**证明**：如图 5 – 37，$M$、$N$ 分别是 $AB$、$AC$ 中点，则

$$\triangle BNC=\frac{1}{2}\triangle ABC=\triangle BMC,$$

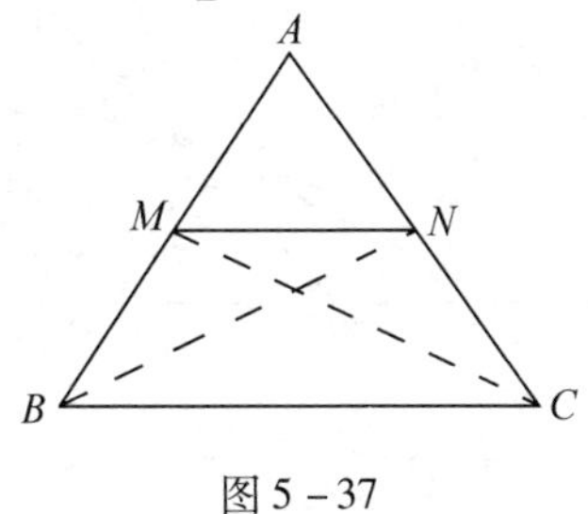


图 5 – 37

故 $MN /\!/ BC$。于是$\angle BNM = \angle NBC$，由共角定理得

$$\frac{MN}{BC}=\frac{MN\cdot BN}{BC\cdot BN}=\frac{\triangle NMB}{\triangle BNC}=\frac{\frac{1}{2}\triangle ABN}{\triangle ABN}=\frac{1}{2}。\qquad \square$$

证明中最后一步也可用

$$\frac{1}{4}=\frac{AM\cdot AN}{AB\cdot AC}=\frac{\triangle AMN}{\triangle ABC}=\frac{AM\cdot MN}{AB\cdot BC}=\frac{1}{2}\cdot\frac{MN}{BC},$$

解出 $BC=2MN$。

**[例 5.4.4]**　（共角定理的推广）如图 5－38，$\angle ABC$ 与$\angle XYZ$ 相等或互补。$P$ 在直线 $AB$ 上且不同于 $A$，$Q$ 在直线 $XY$ 上且不同于 $X$。求证：$\dfrac{\triangle PAC}{\triangle QXZ}=\dfrac{PA\cdot BC}{QX\cdot YZ}$。

**证明**：不妨设 $B$、$C$、$X$、$Y$ 共线，则

$$\frac{\triangle PAC}{\triangle QXZ}=\frac{\triangle PAC}{\triangle ZBC}\cdot\frac{\triangle ZBC}{\triangle ZXY}\cdot\frac{\triangle ZXY}{\triangle QXZ}$$

$$=\frac{PA}{ZB}\cdot\frac{BC}{XY}\cdot\frac{XY}{QX}=\frac{PA\cdot BC}{QX\cdot ZY}。$$

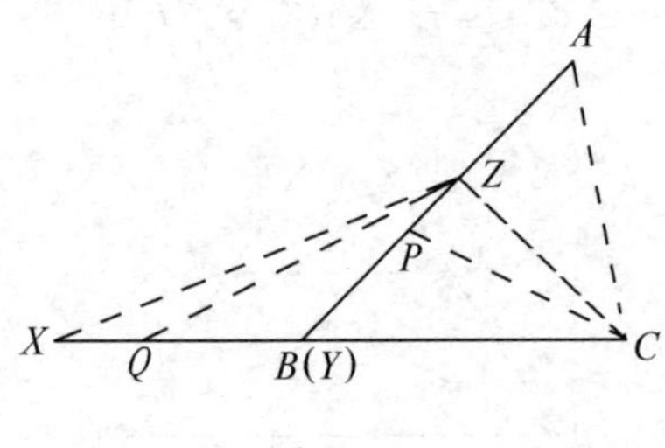


图 5－38

## 5.5 新体系的逻辑后盾
## ——公理体系

前面引入的新体系，逻辑结构图示见下页。

这里，我们还少一个公理系统。

欧氏几何的公理体系不止一种。欧几里得最早提出的公理体系是不严密的，现在大家所用的是由希尔伯特改进之后的公理系统，共5组20条。后来，又有人提出过欧氏几何的其他公理体系。例如1984年，苏联著名几何学家A. D. 亚力山大洛夫在一篇文章里提出过新的几何公理系统，其特点是在公理中只有线段和点而无直线。

近代数学中，还有基于向量空间的外尔公理体系、基于距离概念的布鲁门塞尔公理体系等。

但是，所有这些公理体系，没有一个是着眼于中学数学教育而创立的[①]。我们提出的下列公理体系，主要是为了数学教育而创设，特别是为了中学数学教育的需要。它支持面积法的新体系。

这个新公理体系，是以度量为主体的公理体系。在这个系统中，所谓平面，是由一些名叫“点”的元素组成的集合。这些点之间的关系满足以下公理。

---

① 苏联A. H. 柯尔莫哥洛夫在他主编的中学几何教材中，提出过基于实数、集合、距离等概念的几何公理体系。

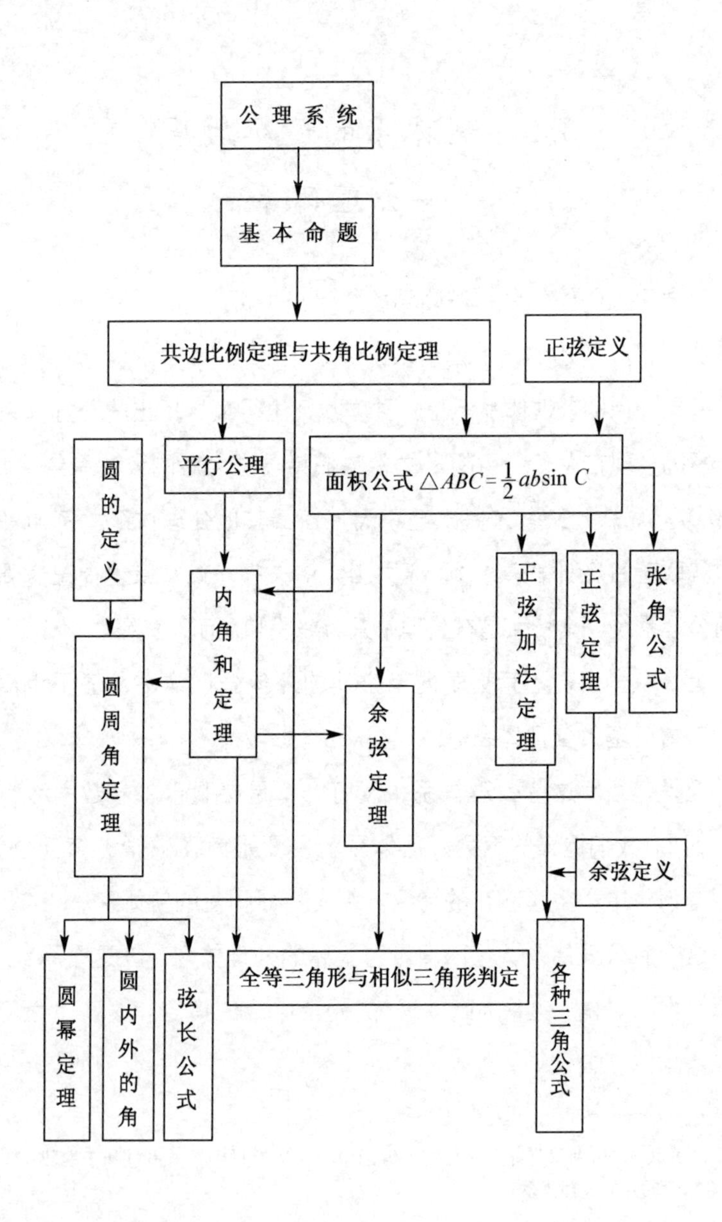
公理系统
基本命题
共边比例定理与共角比例定理
正弦定义
圆的定义
平行公理
面积公式$\triangle ABC=\frac{1}{2}ab\sin C$
内角和定理
圆周角定理
余弦定理
正弦加法定理
正弦定理
张角公式
余弦定义
圆幂定理
圆内外的角
弦长公式
全等三角形与相似三角形判定
各种三角公式

(1)（距离公理）两点 $A$、$B$ 决定一个距离 $|AB|$，$|AB|$ 是非负实数。$|AB|=|BA|$，且 $|AB|=0$ 当且仅当 $A=B$ 时成立。

(2)（线段连续公理）若 $A$、$B$ 是不同的两点，则对任给的非负实数 $r$，有唯一的一个点 $P$，使得下列两条件同时成立（如图 5－39）。

① $|AP|=r$。

② 当 $r\leqslant|AB|$ 时，有 $|AP|+|PB|=|AB|$；当 $r>|AB|$ 时，有 $|AB|+|BP|=|AP|$。

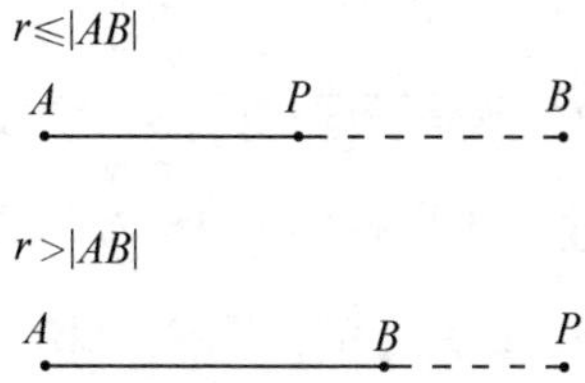

$r\leqslant|AB|$

A P B

$r>|AB|$

A B P

图 5－39

以下为了表达起来方便，引入线段、延长线、射线、直线等概念。

**线段的定义** 设 $A$、$B$ 是任意两个点，一切满足条件 $|AP|+|PB|=|AB|$ 的点 $P$ 组成的集合称为线段 $AB$。（注意，线段 $AB$ 和线段的长度 $|AB|$ 在不会混淆时，都可以记作 $AB$。）点 $A$、$B$ 都叫做 $AB$ 的端点。当 $A=B$ 时，说线段 $AB$ 退化为一点（图 5－39 中 $r\leqslant|AB|$ 的情形）。

**延长线的定义** 设 $A$、$B$ 是不同的两点，一切满足条件 $|AB|+|BP|=|AP|$ 的点 $P$ 组成的集合，叫做 $AB$（在 $B$ 侧）的延长线。一切满足条件 $|BA|+|AP|=|BP|$ 的点 $P$ 组成的集合，叫做 $BA$（在 $A$ 侧）的延长线（如图5－40）。定义中写在括号内的词可省略。

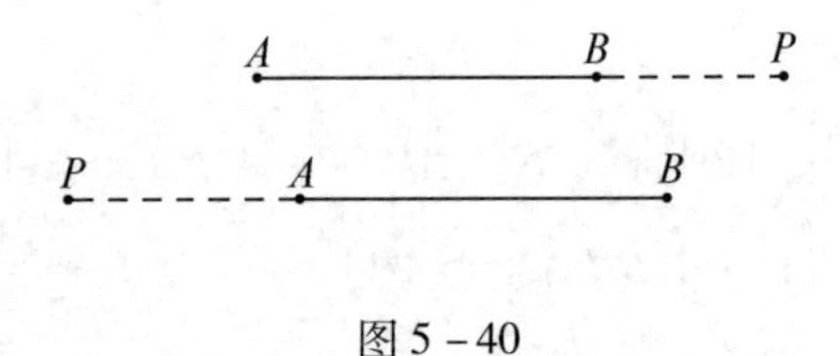


图 5－40

**射线的定义** 设 $A$、$B$ 是不同的两点，线段 $AB$ 和 $AB$（在 $B$ 侧）的延长线的并集，叫做以 $A$ 为端点沿 $AB$ 方向的射线。

**直线的定义** 设 $A$、$B$ 是不同的两点，$AB$（在 $B$ 侧）的延长线、$BA$（在 $A$ 侧）的延长线和 $AB$ 的并集，叫做由 $AB$ 确定的一条直线，也称为直线 $AB$。

换言之，点 $P$ 在直线 $AB$ 上的充要条件是下列三式之一成立。

$$\begin{cases}(1)\ AP+PB=AB,\\(2)\ AB+BP=AP,\\(3)\ BA+AP=BP。\end{cases}$$

或者合起来说

$$(BA+AP-BP)(AB+BP-AP)(AP+PB-AB)=0。$$

下面继续介绍我们的公理:

(3) (**面积公理**) 3 点 $A$、$B$、$C$ 决定一个面积 $|\triangle ABC|$，$|\triangle ABC|$ 是一个非负实数，且 $|\triangle ABC| = |\triangle ACB| = |\triangle BAC| = |\triangle BCA| = |\triangle CAB| = |\triangle CBA|$。当 $A$、$B$、$C$ 不在同一条直线上时，$|\triangle ABC| > 0$。

(4) (**非退化公理**) 平面上至少有 3 个点 $A$、$B$、$C$ 使 $|\triangle ABC| > 0$。

(5) (**线性公理**) 若 $A$、$B$、$C$ 3 点在一条直线上，$AB = \lambda AC$，$P$ 是平面上任一点（如图 5－41），则 $|\triangle PAB| = \lambda|\triangle PAC|$。

公理(5)是我们系统中一条主要的公理，即本章开始提到的基本命题。它实际上是说：同高三角形面积之比等于底之比。但表面上，公理(5)既没有提到高，也没有提到三角形。事实上，我们只定义了 $|\triangle ABC|$，并没有定义 $\triangle ABC$。

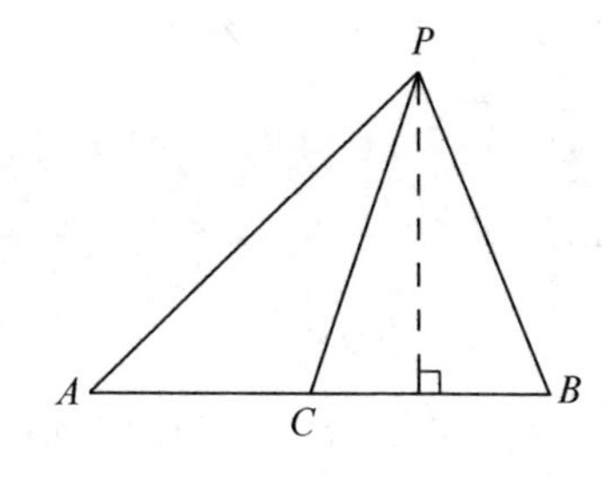

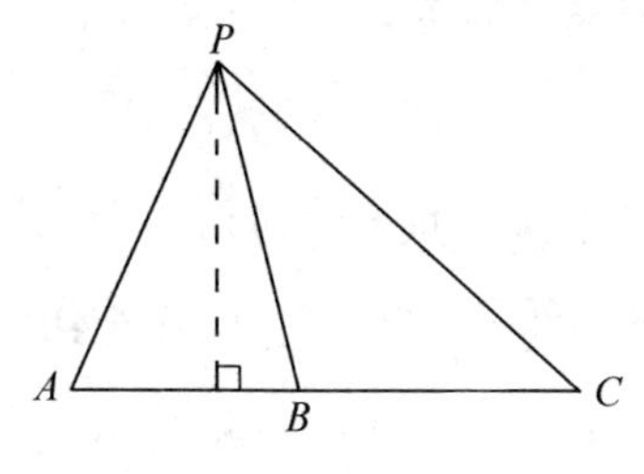


图 5－41

(6) 平面上 4 点 $A$、$B$、$C$、$D$，如果 3 对线段 $AB$ 与 $CD$、$AC$ 与 $BD$、$AD$ 与 $BC$ 中，每一对都没有异于 $A$、$B$、$C$、$D$ 的公共点，则 4 个面积 $|\triangle ABC|$、$|\triangle ABD|$、$|\triangle ACD|$、$|\triangle BCD|$ 中必有一个等于另外3个之

和。例如图 5-42 左图中的 $AC$、$BD$ 有异于 $A$、$B$、$C$、$D$ 的公共点，不符合题意；而右图符合题意，故有

$$|\triangle ABC| = |\triangle ACD| + |\triangle ABD| + |\triangle BCD|。$$

公理（6）刻画了平面的一个重要特征。有了公理（6），我们就可以定义三角形、凸四边形和凹四边形了。

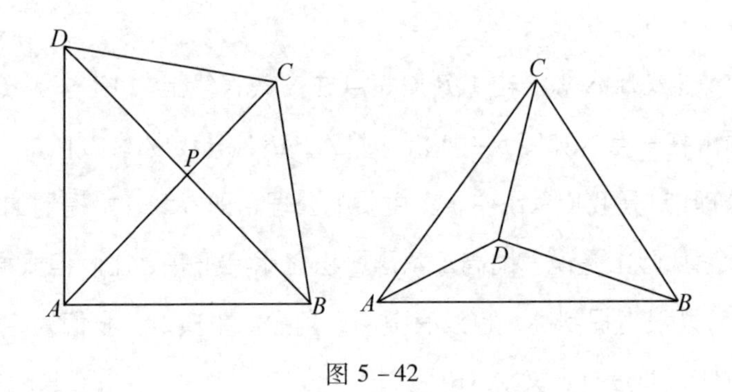


图 5-42

**三角形的定义** 对于给定的 3 个点 $A$、$B$、$C$，所有满足条件

$$|\triangle PAB| + |\triangle PBC| + |\triangle PCA| = |\triangle ABC| > 0$$

的点 $P$ 组成的集合，叫做三角形 $ABC$，记作 $\triangle ABC$。若上式的左端每项都不是 0，则称点 $P$ 是 $\triangle ABC$ 的内点；否则，叫做 $\triangle ABC$ 的边界点。平面上其他点叫做 $\triangle ABC$ 的外点。点 $A$、$B$、$C$ 叫做 $\triangle ABC$ 的顶点。线段 $AB$、$BC$、$CA$ 叫做 $\triangle ABC$ 的 3 条边。

在不至于引起混淆时，我们也用记号 $\triangle ABC$ 表示 $|\triangle ABC|$ 。

当 $|\triangle ABC| = 0$ 时，线段 $AB$、$BC$、$CA$ 之并称为退化 $\triangle ABC$。一般所说的 $\triangle ABC$，均指非退化的三角形。

**凸四边形的定义** 若线段 $AC$ 和 $BD$ 有异于 $A$、$B$、$C$、$D$ 的公共点 $P$，则称 $\triangle ABC$ 和 $\triangle ACD$ 之并为凸四边形 $ABCD$（或 $BCDA$、$CDAB$、$DABC$）。$AC$、$BD$ 叫做凸四边形的两条对角线。$AB$、$BC$、$CD$、$DA$ 叫做凸四边形的 4 条边。

为了证明此定义的合理性，应当指出：$\triangle ABC$ 与 $\triangle ACD$ 之并和 $\triangle BDA$ 与 $\triangle BDC$ 之并是同一个集合。这在直观上是显然的，证起来也不难：只要先把四边形分成 $\triangle PAB$、$\triangle PBC$、$\triangle PCD$、$\triangle PDA$ 就可以了。

**凹四边形的定义** 若 $D$ 在 $\triangle ABC$ 内部，则称 $\triangle ABD$ 和 $\triangle BDC$ 之并为凹四边形 $ABCD$。线段 $AC$、$BD$ 叫做凹四边形的对角线，而 $AB$、$CB$、$CD$、$DA$ 叫做凹四边形的 4 条边。

(7) 若 $P$ 是 $\triangle ABC$ 的内点而 $Q$ 是 $\triangle ABC$ 的外点，则线段 $PQ$ 上必有 $\triangle ABC$ 的边界点。

下面，我们进一步引入角度这个重要度量。

(8)（角度公理）以任一点 $A$ 为公共端点的两条射线组成一个角，记作 $\angle A$，或临时指定一个记号如 $\angle 1$、$\angle 2$、$\angle \alpha$ 或 $\alpha$、$\beta$。也可以分别在两射线上各取一点 $P$、$Q$（均不同于 $A$），记此角为 $\angle PAQ$ 或 $\angle QAP$。每个角对应一个非负实数 $\alpha$（$0° \leqslant \alpha \leqslant 180°$），叫做这个角的度数。记号 $\angle PAQ$（或 $\angle A$、$\angle QAP$、$\angle 1$）同时用以表示它的度数，记作 $\angle PAQ = \alpha$。当射线 $AQ$ 与 $AP$ 是同一条射线时，$\angle PAQ = 0°$。当 $A$ 在线段 $PQ$ 上时，$\angle PAQ = 180°$（如图 5-43）。

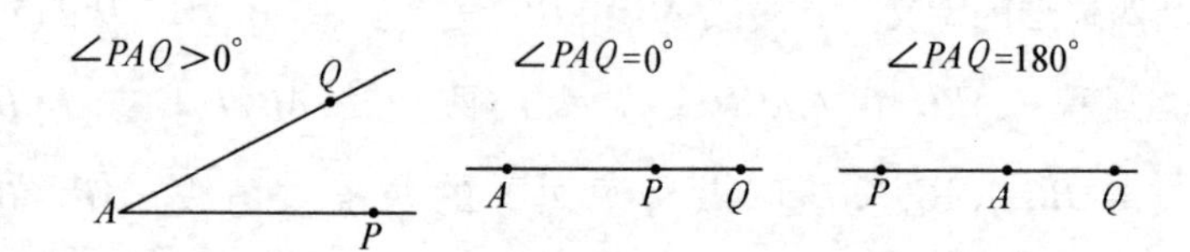


图 5－43

(9) 若$\angle PAQ=180^\circ$，$B$ 是异于 $A$ 的点，则有$\angle BAQ+\angle BAP=180^\circ$，这时称$\angle BAQ$ 和$\angle BAP$ 互为邻补角。若$\angle PAQ<180^\circ$而且 $B$ 在线段 $PQ$ 上，则有$\angle BAQ+\angle BAP=\angle QAP$。并且当$\angle QAP>0^\circ$时，对任意实数 $0\leqslant\lambda\leqslant 1$，在 $PQ$ 上有唯一的一个点 $B$，使$\angle BAP=\lambda\angle QAP$（如图 5－44）。

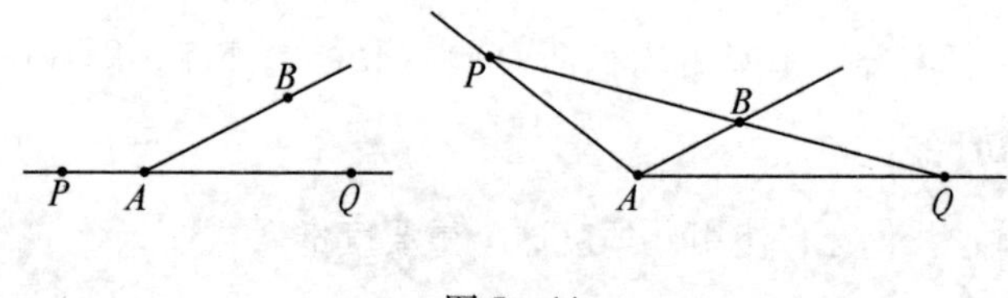


图 5－44

（10）若$\angle PAQ=\angle P'A'Q'$，且 $PA=P'A'$，$QA=Q'A'$，则$\triangle PAQ=\triangle P'A'Q'$。

最后这两条公理，把角度与线段、角度与面积联系起来了。

这 10 条公理是我们讨论的出发点。10 条公理中的多数，如（1）、（2）、（3）、（6）、（7）、（8）、（9），都是现行教材中既不叙述、也不证明而实际上默认了的。（5）虽不显然，却是学过小学数学的孩子易于理解的。事实上，(5) 刻画了欧几里得平面的特点，相当于平行公理。如果没有它，也不用适当的东西代替它，我们就只能得到非欧几何了。

一些众所周知的有关面积的性质，很容易用这些公理推证出来。例如：

**命题 5.5.1** 若 $A$、$B$、$C$ 3 点共线，则有 $\triangle ABC=0$。

**证明：** 不妨设 $AB=\lambda AC$，则由公理(5)得

$$\triangle ABC=\lambda\triangle ACC。$$

$CC=2CC(=0)$，故又由公理(5)得

$$\triangle ACC=2\triangle ACC。$$

故 $\triangle ACC=0$，即 $\triangle ABC=0$。

**命题 5.5.2** 若 $P$ 在线段 $AB$ 上，则对任一点 $Q$，有

$$\triangle QAB=\triangle QAP+\triangle QBP。$$

**证明：** 设 $AP=\lambda AB$，由 $AP+PB=AB$，可得 $PB=(1-\lambda)AB$。由公理(5)得

$$\begin{cases}\triangle QAP=\lambda\triangle QAB,\\ \triangle QPB=(1-\lambda)\triangle QAB。\end{cases}$$

两式相加，即得所求等式。

**命题 5.5.3** 若 $C$ 在直线 $AB$ 上，$C$ 异于 $A$，则直线 $AC$ 和直线 $AB$ 相同。

**证明：** 只要证明直线 $AC$ 上任一点 $P$ 在直线 $AB$ 上，同时直线 $AB$

上任一点 $Q$ 也在直线 $AC$ 上就可以了。

设 $P$ 在直线 $AC$ 上，则 $\triangle PAC=0$。设

$$AB=\lambda AC,$$

由公理(5)得

$$\triangle PAB=\lambda\triangle PAC=0,$$

再由公理(3)可知 $P$ 在 $AB$ 上。同理，由 $Q$ 在直线 $AB$ 上可推知 $Q$ 在直线 $AC$ 上。 □

这个命题的含义正是“两点决定一直线”。它在欧几里得的公理体系中是一条公理。

有一些看来很显然的事实，在目前通用的教材体系中是不好证明的，常常只能默认。下面是一个例子。

**命题 5.5.4** 设 $P$ 是 $\triangle ABC$ 的边 $AB$ 上的一点，$P$ 异于 $A$、$B$。又 $Q$ 是 $PC$ 线段上异于 $P$、$C$ 的一点，则 $Q$ 在 $\triangle ABC$ 内部。

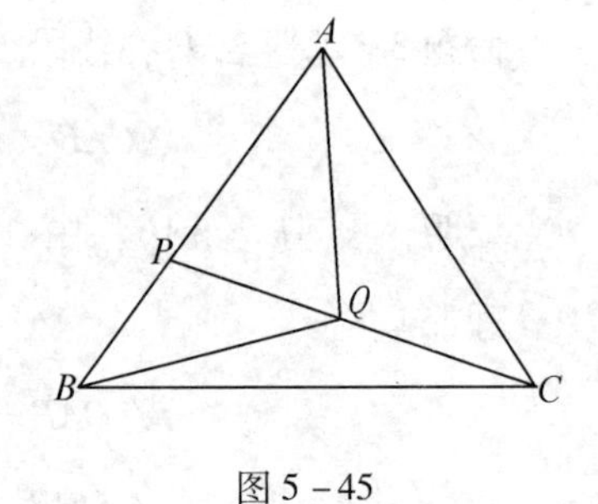

图 5-45

**证明**：如图 5-45，由命题 5.5.2 得

$$\begin{aligned}\triangle ABC &= \triangle PAC+\triangle PBC\\ &= \triangle QAC+\triangle QAP+\triangle QBC+\triangle QPB\\ &= \triangle QAC+\triangle QBC+\triangle QAB。\end{aligned}$$

因为 $P$ 不同于 $A$、$B$，故 $\triangle PAC$、$\triangle PBC$ 均非 0。又因 $Q$ 不同于 $P$、

$C$，故$\triangle QAC$、$\triangle QAP$、$\triangle QBC$、$\triangle QPB$ 均非 0。由三角形定义可知 $Q$ 在$\triangle ABC$ 内。 □

引进了公理系统，是不是在课堂上就要把它作为平面几何学习的开端呢？大可不必。从公理系统入手讲几何，就像学骑自行车先学上车一样。骑自行车本来先要上车，但学骑时可以先请别人扶着、爬上车学前进，学会了蹬车前进，回过头来学上车是容易的。

从历史上看，几何公理体系是在积累了大量几何知识之后诞生的。逻辑上，应是先有公理，后有丰富多彩的定理和公式。可人的认识过程恰恰相反，是先掌握了大量的定理，然后，为了彻底弄清这个定理的依据，才想到了建立公理体系。

给初中生教几何，似乎应当遵循认识的顺序，而不完全依照逻辑的顺序；也就是先带他们欣赏五光十色的几何园地，再告诉他们这个园地的基石在何处。这样，既符合认识规律，也适应年龄特征。所以，我们在给初中生讲几何时，开始不但不必列出公理，就连命题 5.5.1 至命题 5.5.4 这些显然的几何事实，也不必一板一眼地去证。其实，通常的中学几何教材也不十分强调严密性。等学生有了较多的几何知识，对几何有了感情，再回过头来进行严密化的工作是容易的。

具体地说，我们列出的公理不过是“立此存照”，表明以面积为中心的体系有自己的逻辑基础。几何教学逻辑上的出发点，明确指出的只有公理（5），其他的仅作为直观的事实应用而已。

至于这个公理系统的协调性、独立性与完备性的研究，就不属于本书的任务了。

应当提一提的是，我们提供的改革方案，是一套富有弹性的改革方案。教师们可以根据自己的见解和学生的水平，在不同层次上吸取这些资料。

至少，可以吸取这里提供的解题方法与技巧而不采纳推理体系，这是最容易采取的步骤。事实上，面积方法近年来已经受到广大中学数学教师的重视和中学生的喜爱。

进一步，可以采用这里提供的推理体系而不接受公理系统。因为我们的推理体系可以在旧的公理系统内回旋，只要集中力量，先推出三角形面积等于底乘高的一半。

更彻底的是采纳这个公理体系，或建立与此类似的公理体系。

传统的力量是强大的，任何改革都会遇到许多困难。假使新体系能被接受，也需要一个相当长的过程。

## 5.6 张角公式的用处

在第4小节里，我们介绍过一个“张角公式”：由 $P$ 发出的3条射线 $PA$、$PB$、$PC$，使 $\angle APC=\alpha$，$\angle CPB=\beta$，$\angle APB=\alpha+\beta<180^\circ$（如图5－46），则 $A$、$B$、$C$ 3点共线的充要条件是

$$\frac{\sin(\alpha+\beta)}{PC}=\frac{\sin\alpha}{PB}+\frac{\sin\beta}{PA}。$$

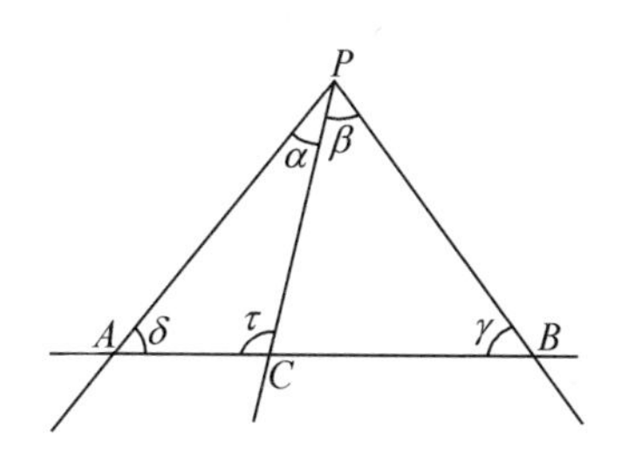


图 5-46

当时就说这是一个到处用得上的解题工具，但直到现在，除了用它导出正弦加法定理之外，就再没有用过。下面我们将举出一些例题，它们会极有力地表明张角公式的广泛用途。

[**例 5.6.1**]　设 4 个角 $\alpha+\beta+\gamma+\delta=180°$，求证：

$$\sin(\alpha+\beta)\sin(\beta+\gamma)=\sin\alpha\cdot\sin\gamma+\sin\beta\cdot\sin\delta。\tag{5.6.1}$$

**证明：** 在图 5-46 中，取 $\angle PAB=\delta$，$\angle PBA=\gamma$，$\angle PCA=\tau$。由正弦定理可知

$$\frac{PC}{PB}=\frac{\sin\gamma}{\sin\tau},\ \frac{PC}{PA}=\frac{\sin\delta}{\sin\tau},$$

代入张角公式得

$$\sin(\alpha+\beta)=\frac{\sin\gamma}{\sin\tau}\sin\alpha+\frac{\sin\delta}{\sin\tau}\sin\beta,$$

再利用 $\tau=\beta+\gamma$，即得要证等式。□

下面举出恒等式（5.6.1）的一个应用。

**[例 5.6.2]** （托勒密定理）设四边形 $ABCD$ 是圆内接四边形，求证：$AC \cdot BD = AB \cdot CD + AD \cdot BC$。 (5.6.2)

**证明：** 如图 5-47，设圆的直径为 $d$，过 $A$ 作圆的切线，切线与 $AB$、$AD$ 所夹角分别记为 $\alpha$、$\delta$，又令 $\angle BAC=\beta$、$\angle CAD=\gamma$，于是 $AB=d\sin\alpha$，$BC=d\sin\beta$，$CD=d\sin\gamma$，$AD=d\sin\delta$，$AC=d\sin(\alpha+\beta)$，$BD=d\sin(\gamma+\beta)$。代入（5.6.2）式，可知要证的等式等价于

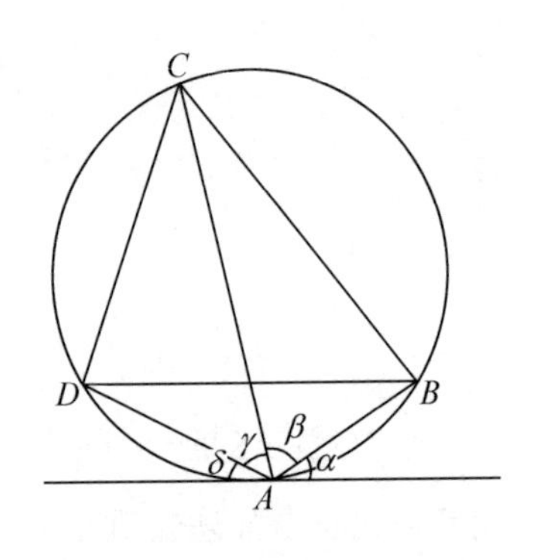

图 5-47

$$d^2\sin(\alpha+\beta)\sin(\beta+\gamma)=d^2(\sin\alpha\cdot\sin\gamma+\sin\beta\cdot\sin\delta),$$

即前例所证得的（5.6.1）式。

**[例 5.6.3]** （蝴蝶定理的又一证明）已知圆 $O$ 的弦 $AB$ 中点为 $M$，过 $M$ 任作两弦 $CD$、$EF$，连结 $CF$、$DE$ 分别交 $AB$ 于 $G$、$H$。求证：$MG=MH$。

**证明：** 如图 5-48，用张角公式得

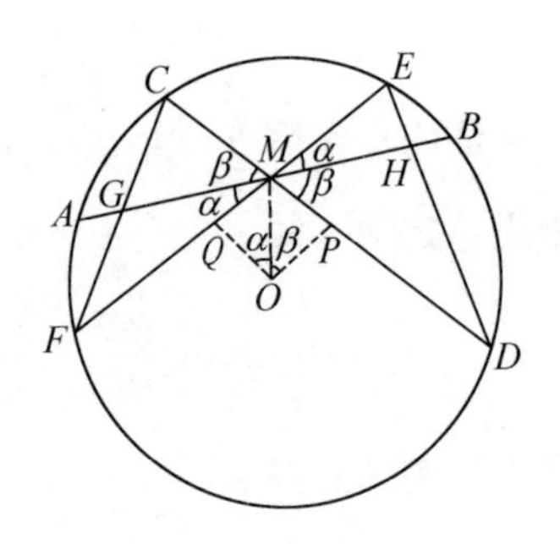

图 5-48

$$\frac{\sin(\alpha+\beta)}{MH}=\frac{\sin\alpha}{MD}+\frac{\sin\beta}{ME},\tag{1}$$

$$\frac{\sin(\alpha+\beta)}{MG}=\frac{\sin\alpha}{MC}+\frac{\sin\beta}{MF}, \tag{2}$$

(1) － (2) 得

$$\sin(\alpha+\beta)\left(\frac{1}{MH}-\frac{1}{MG}\right)$$

$$=\sin\beta\cdot\frac{MF-ME}{MF\cdot ME}-\sin\alpha\cdot\frac{MD-MC}{MD\cdot MC}。 \tag{3}$$

设 $P$、$Q$ 分别是 $CD$、$EF$ 中点，显然有

$$\begin{cases}MF-ME=2MQ=2MO\sin\alpha,\\ MD-MC=2MP=2MO\sin\beta。\end{cases} \tag{4}$$

把(4)代入(3)，并用 $MF\cdot ME=MD\cdot MC$，得到

$$\sin(\alpha+\beta)\left(\frac{1}{MH}-\frac{1}{MG}\right)=0,$$

即知 $$MH=MG。$$

[**例 5.6.4**] 设在正 $\triangle ABC$ 外接圆的$\overset{\frown}{BC}$上任取一点 $P$,$PA$ 交 $BC$ 于 $D$ 。求证：$\dfrac{1}{PD}=\dfrac{1}{PB}+\dfrac{1}{PC}$。

**证明：**如图 5－49，$\angle\alpha=\angle\beta=60°$，由张角公式得

$$\frac{\sin 120°}{PD}=\frac{\sin 60°}{PB}+\frac{\sin 60°}{PC},$$

因为 $\sin 120°=\sin 60°$，即得所求。

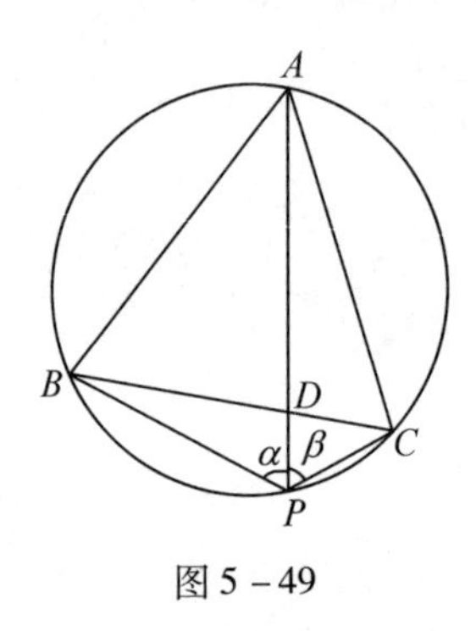


图 5-49

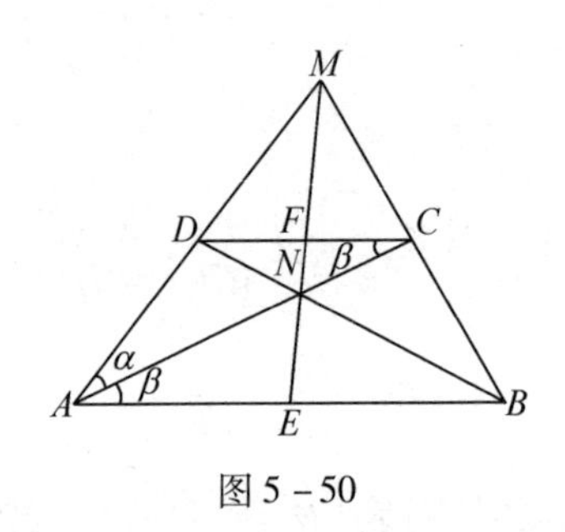


图 5-50

**[例 5.6.5]** 如图 5-50，梯形 $ABCD$ 的两腰 $AD$、$BC$ 延长后交于 $M$，两对角线相交于 $N$，又设 $E$、$F$ 分别是 $AB$、$CD$ 的中点。求证：$M$、$N$、$E$、$F$ 在一条直线上。

**证明：** 把命题转换一下，设直线 $MN$ 分别交 $AB$、$CD$ 于两点 $E$、$F$，只要证明 $E$、$F$ 分别是 $AB$、$CD$ 的中点即可。

设 $\angle BAC=\beta$，$\angle CAM=\alpha$，$AE=e$，$AN=n$，$AM=m$，$AC=c$，$AB=b$，$AD=d$。由张角公式得：

$$\frac{\sin(\alpha+\beta)}{n}=\frac{\sin\alpha}{b}+\frac{\sin\beta}{d},\tag{1}$$

$$\frac{\sin(\alpha+\beta)}{c}=\frac{\sin\alpha}{b}+\frac{\sin\beta}{m},\tag{2}$$

$$\frac{\sin(\alpha+\beta)}{n}=\frac{\sin\alpha}{e}+\frac{\sin\beta}{m}。\tag{3}$$

又由

$$\triangle ADC=\frac{1}{2}d\cdot DC\sin[180°-(\alpha+\beta)]$$

$$=\frac{1}{2}c\cdot DC\sin\beta,$$

得
$$\frac{\sin(\alpha+\beta)}{c}=\frac{\sin\beta}{d}。\tag{4}$$

(1) + (2) - (3) - (4) 得

$$\frac{2\sin\alpha}{b}-\frac{\sin\alpha}{e}=0,$$

即 $b=2e$，亦即 $E$ 为 $AB$ 中点。于是

$$\triangle MAE=\triangle MBE,$$

$$\triangle DAE=\triangle DBE=\triangle CBE,$$

$$\frac{DF}{CF}=\frac{\triangle MDE}{\triangle MCE}=\frac{\triangle MAE-\triangle DAE}{\triangle MBE-\triangle CBE}=1,$$

即 $F$ 是 $DC$ 中点。 □

这个命题也可以用共边比例定理来证明:

$$\frac{AE}{BE}=\frac{\triangle AMN}{\triangle BMN}=\frac{\triangle AMN}{\triangle ABN}\cdot\frac{\triangle ABN}{\triangle BMN}=\frac{MC}{BC}\cdot\frac{AD}{MD}$$

$$=\frac{\triangle MDC}{\triangle BDC}\cdot\frac{\triangle ADC}{\triangle MDC}=1。$$

同样证明了 $AE=BE$。

**[例 5.6.6]** 设直角三角形 $ABC$ 斜边 $AB$ 上的高为 $CD$，求证:

$$\frac{1}{CD^2}=\frac{1}{BC^2}+\frac{1}{AC^2}。$$

**证明:** 如图 5 -51，由张角公式可得

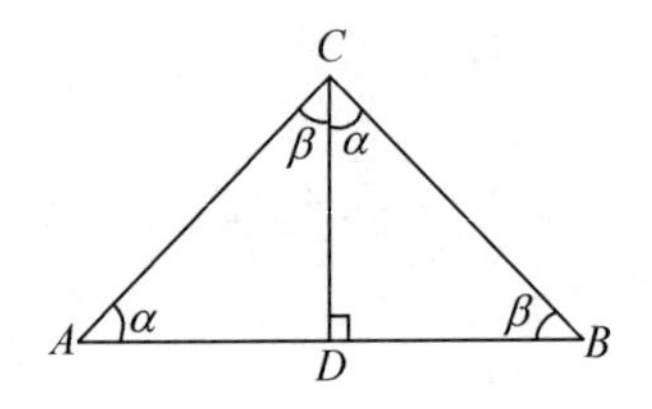


图 5－51

$$\frac{\sin(\alpha+\beta)}{CD}=\frac{\sin\alpha}{AC}+\frac{\sin\beta}{BC}。\tag{1}$$

又　$\sin(\alpha+\beta)=\sin 90°=1$,

$\sin\alpha=\frac{CD}{AC}$, $\sin\beta=\frac{CD}{BC}$,

代入（1），即得所求。

**［例 5.6.7］**　如图 5－52，过∠$P$ 平分线上一点 $F$，任作两直线 $AD$、$BC$，分别与∠$P$ 的两边相交于 $A$、$D$ 和 $C$、$B$。求证：

$$\frac{AC}{BD}=\frac{PA\cdot PC}{PB\cdot PD}。$$

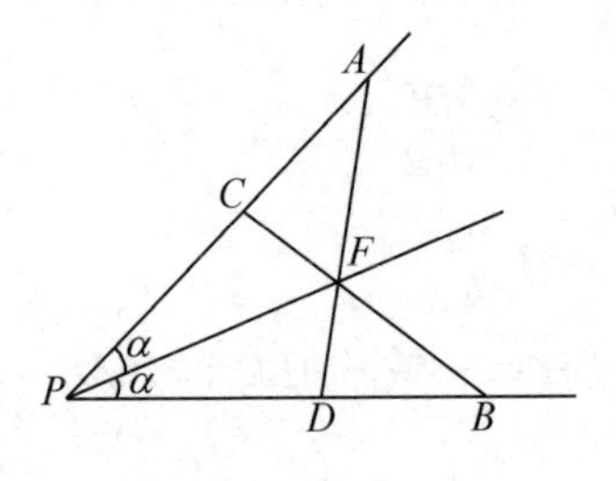


图 5－52

**证明：** 由张角公式知

$$\frac{\sin 2\alpha}{PF}=\frac{\sin\alpha}{PA}+\frac{\sin\alpha}{PD},\tag{1}$$

$$\frac{\sin 2\alpha}{PF}=\frac{\sin\alpha}{PB}+\frac{\sin\alpha}{PC},\tag{2}$$

(1)－(2) 得

$$\sin\alpha\cdot\left(\frac{1}{PC}-\frac{1}{PA}\right)=\sin\alpha\cdot\left(\frac{1}{PD}-\frac{1}{PB}\right)。$$

约去 $\sin\alpha$，利用 $PA-PC=AC$，$PB-PD=BD$，整理后即得要证等式。

**[例 5.6.8]**　如图 5－53，设 $PA$、$PB$ 是圆的两条切线。在线段 $PB$ 上取一点 $D$，延长 $PA$ 至 $C$，使 $AC=BD$，连 $CD$ 交 $AB$ 于 $E$。求证：$CE=DE$。

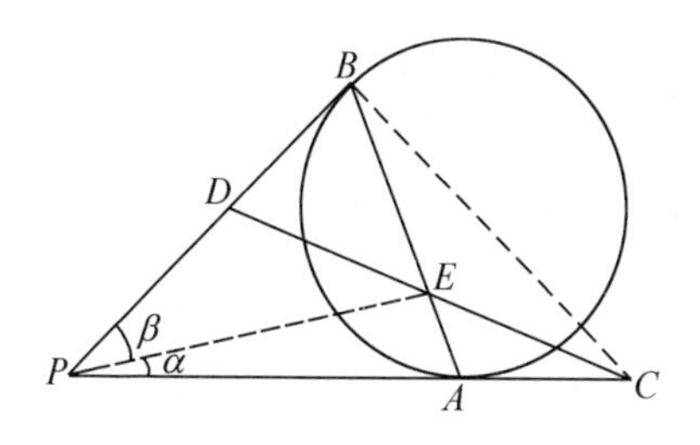


图 5－53

**证明：** 设 $\angle APE=\alpha$，$\angle BPE=\beta$，由张角公式得

$$\frac{\sin(\alpha+\beta)}{PE}=\frac{\sin\alpha}{PD}+\frac{\sin\beta}{PC},\tag{1}$$

$$\frac{\sin(\alpha+\beta)}{PE}=\frac{\sin\alpha}{PB}+\frac{\sin\beta}{PA}。\qquad(2)$$

(1) − (2) 得

$$\frac{(PB-PD)\sin\alpha}{PD\cdot PB}=\frac{(PC-PA)\sin\beta}{PA\cdot PC},$$

即
$$\frac{BD\sin\alpha}{PD\cdot PB}=\frac{AC\sin\beta}{PA\cdot PC}。$$

由 $BD=AC$，$PA=PB$ 得

$$PC\sin\alpha=PD\sin\beta,$$

从而
$$\frac{DE}{CE}=\frac{\triangle PDE}{\triangle PCE}=\frac{PE\cdot PD\sin\beta}{PE\cdot PC\sin\alpha}=1。$$
□

此题也可以用共边比例定理来做，方法如下：

$$\frac{DE}{CE}=\frac{\triangle BDE}{\triangle BCE}=\frac{\triangle BDE}{\triangle PBE}\cdot\frac{\triangle PBE}{\triangle BCE}=\frac{BD}{PB}\cdot\frac{PA}{AC}=1,$$

或
$$\frac{DE}{CE}=\frac{\triangle ABD}{\triangle ABC}=\frac{AB\cdot BD}{AB\cdot AC}=1。$$

一般说来，使用共边比例定理证题，往往比较简捷。

**[例 5.6.9]** 如图 5－54，$G$ 是 $\triangle ABC$ 之重心，即 3 条中线的交点。过 $G$ 作直线分别交 $AB$、$AC$ 于 $D$、$E$，求证：$GE\leqslant 2GD$。

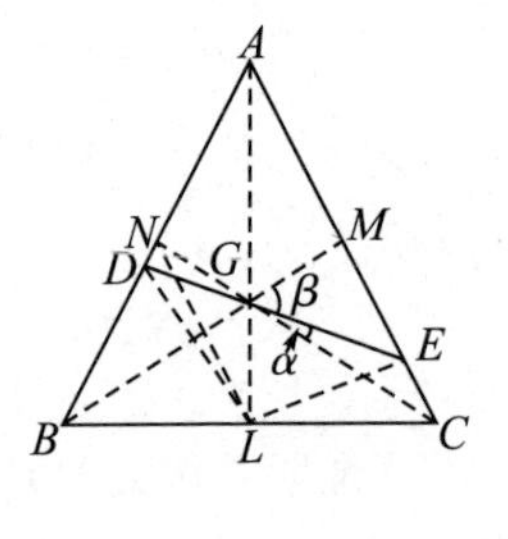


图 5－54

**证明：** 设 $\triangle ABC$ 的 3 条中线是 $AL$、$BM$、$CN$，则 $D$、$E$ 分别在线段 $BN$、$MC$ 上。记 $\angle CGE=\angle DGN=\alpha$，$\angle MGE=\angle BGD=\beta$，由

张角公式得

$$\frac{\sin\ (\alpha+\beta)}{GE}=\frac{\sin\alpha}{MG}+\frac{\sin\beta}{GC}, \tag{1}$$

$$\frac{\sin\ (\alpha+\beta)}{GD}=\frac{\sin\alpha}{BG}+\frac{\sin\beta}{NG}。 \tag{2}$$

又 $BG=2MG$，$CG=2NG$，将（1）除以（2）得

$$\frac{GD}{GE}=\frac{2\left(\frac{\sin\alpha}{BG}\right)+\frac{\sin\beta}{GC}}{\frac{\sin\alpha}{BG}+2\left(\frac{\sin\beta}{GC}\right)}$$

$$=\frac{1}{2}+\left(\frac{2}{3}+\frac{4}{3}\cdot\frac{BG\sin\beta}{CG\sin\alpha}\right)^{-1}\geqslant\frac{1}{2}。$$ □

若用共边比例定理，此题做法为

$$\frac{GE}{GD}=\frac{\triangle EAL}{\triangle DAL}\leqslant\frac{\triangle CAL}{\triangle ANL}=2,$$

或

$$\frac{GE}{GD}=\frac{\triangle AGE}{\triangle AGD}\leqslant\frac{\triangle AGC}{\triangle AGN}=2。$$

**[例 5.6.10]** 如图 5－55，正三角形 $ABC$ 内接于圆 $O$，点 $D$、$E$ 分别为 $\overset{\frown}{AB}$、$\overset{\frown}{AC}$ 中点。在 $\overset{\frown}{BC}$ 上任取一点 $P$，连结 $PD$、$PE$ 分别交 $AB$、$AC$ 于 $F$、$G$。求证：$F$、$G$、$O$ 共线。

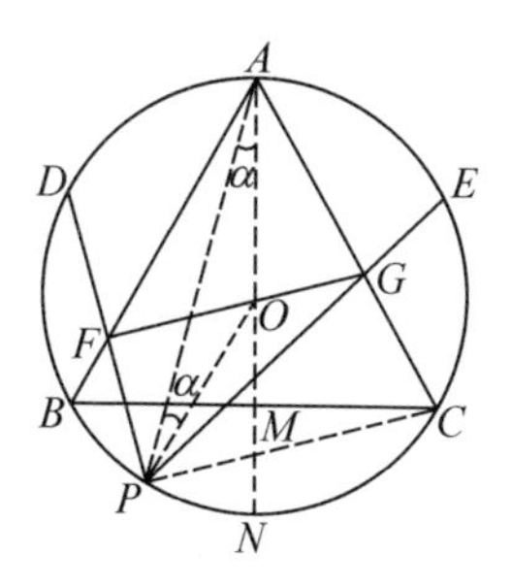

图 5－55

**证明：** 根据张角公式，只要证明

$$\frac{\sin\angle FPG}{PO}=\frac{\sin\angle FPO}{PG}+\frac{\sin\angle GPO}{PF}$$

就可以了。

设$\angle APO=\alpha$，圆 $O$ 的直径$2PO=d$，则

$$\frac{\sin\angle FPG}{PO}=\frac{2\sin 60^\circ}{d}=\frac{\sqrt{3}}{d}, \tag{1}$$

$$\frac{\sin\angle FPO}{PG}+\frac{\sin\angle GPO}{PF}=\frac{\sin(30^\circ+\alpha)}{PG}+\frac{\sin(30^\circ-\alpha)}{PF}。 \tag{2}$$

又由张角关系得

$$\frac{\sin 60^\circ}{PG}=\frac{\sin 30^\circ}{PA}+\frac{\sin 30^\circ}{PC}。 \tag{3}$$

而 $PC=d\sin(30^\circ+\alpha)$，$PA=d\cos\alpha$，代入（3）得

$$\frac{1}{PG}=\frac{1}{2\sin 60^\circ}\left[\frac{1}{d\sin(30^\circ+\alpha)}+\frac{1}{d\cos\alpha}\right], \tag{4}$$

同理得

$$\frac{1}{PF}=\frac{1}{2\sin 60^\circ}\left[\frac{1}{d\sin(30^\circ-\alpha)}+\frac{1}{d\cos\alpha}\right]。 \tag{5}$$

把（4)、(5）代入（2)，得

$$\frac{\sin\angle FPO}{PG}+\frac{\sin\angle GPO}{PF}$$

$$=\frac{1}{2\sin 60^\circ}\cdot\frac{1}{d}\cdot\left[2+\frac{\sin(30^\circ+\alpha)+\sin(30^\circ-\alpha)}{\cos\alpha}\right]$$

$$=\frac{1}{2d\cdot\frac{\sqrt{3}}{2}}\cdot 3=\frac{\sqrt{3}}{d}。 \tag{6}$$

由(6)与(1)，即知 $G$、$O$、$F$ 共线。 □

此题也可以从射线 $AF$、$AO$、$AG$ 出发考虑。为证 $F$、$O$、$G$ 共线，只要证明

$$\frac{\sin 60^\circ}{AO}=\frac{\sin 30^\circ}{AF}+\frac{\sin 30^\circ}{AG},$$

即

$$\frac{\sqrt{3}}{d}=\frac{1}{2}\left(\frac{1}{AF}+\frac{1}{AG}\right)。\tag{1}$$

而

$$\frac{AC-AG}{AG}=\frac{GC}{AG}=\frac{PC}{PA}=\frac{d\sin(30^\circ+\alpha)}{d\cos\alpha}=\frac{\sin(30^\circ+\alpha)}{\cos\alpha},$$

即

$$\begin{aligned}\frac{1}{AG}&=\frac{1}{AC}\left[1+\frac{\sin\ (30^\circ+\alpha)}{\cos\alpha}\right]\\&=\frac{2}{d\sqrt{3}}\left[1+\frac{\sin\ (30^\circ+\alpha)}{\cos\alpha}\right]。\end{aligned}\tag{2}$$

同理

$$\frac{1}{AF}=\frac{2}{d\sqrt{3}}\left[1+\frac{\sin(30^\circ-\alpha)}{\cos\alpha}\right]。\tag{3}$$

把(2)、(3)代入(1)，即可验证所要证明结论。

# 六、面积方法在课外

抓住面积，不但能使平面几何更容易学，而且会令几何变得更有趣。

下面提供的几则课外数学小组活动资料，有的把面积作为打开解析几何大门的工具，有的从面积出发引向微积分，有的提供了几个古今名题的妙解，有的从平淡中见新意，渗透着现代数学的集合思想。

## 6.1 面积与轨迹

在平面几何教材中，“轨迹”被定义为“平面上满足一定条件的点的集合”。可是初中生接触到的轨迹，往往是一条直线、两条直线、圆、圆弧，没有充分表现出“集合”概念的丰富内涵。如果我们把面积与轨迹联系起来，分析一些与面积有关的轨迹问题，就能较丰富地体现集合概念，使集合思想更多地渗入平面几何之中。

**[例 6.1.1]** 设 $A$、$B$、$C$、$D$ 4 点在一条直线上，试求平面上

满足条件

$$\triangle PAB = \triangle PCD$$

的点 $P$ 的轨迹。

**解**：有两种情形：

（1）若 $AB = CD$，则平面上每一点都满足条件，因此所求的轨迹是全平面。

这里我们承认了共线 3 点也可以形成三角形，即退化的三角形。若不然，所求轨迹就是去掉了一条直线的全平面。

（2）若 $AB \neq CD$，则当 $P$ 不在直线 $AB$（或说直线 $CD$）上时，是无法满足条件的。当 $P$ 在这条直线上时，$\triangle PAB = \triangle PCD = 0$。因而所求轨迹是 $A$、$B$、$C$、$D$ 所在的直线。

**［例 6.1.2］** 设 $ABCD$ 是等腰梯形，$AB$、$CD$ 是梯形两腰，求平面上满足条件

$$\triangle PAB = \triangle PCD$$

的点 $P$ 的轨迹。

**解**：分两种情形：

（1）若 $AB /\!/ CD$，所求轨迹是梯形两底中点所确定的直线（若定义梯形时排除两腰平行的情况，则此条无效）。

（2）若直线 $AB$、$CD$ 交于 $O$，则所求轨迹除了梯形两底中点连线之外，还包括过点 $O$ 与梯形之底平行的直线。也就是说：所求轨迹是直线 $AB$、$CD$ 交成的一对对顶角的两条角平分线。理由从下文可

以看出。

[**例 6.1.3**]　设 $A$、$B$ 决定一条直线 $l_1$，$C$、$D$ 决定另一直线 $l_2$，$l_1$ 与 $l_2$ 交于 $O$。求平面上满足条件

$$\triangle PAB = \triangle PCD$$

的点 $P$ 的轨迹。

**解**：如图 6－1，在直线 $AB$ 上取 $E$、$F$，使 $O$ 为 $EF$ 的中点，且 $EO = FO = AB$。再在直线 $CD$ 上取 $G$、$H$，使 $O$ 为 $GH$ 的中点，且 $GO = HO = CD$。则四边形 $EGFH$ 为平行四边形。设 $EG$、$GF$、$FH$、$HE$ 4 条边的中点顺次为 $M$、$S$、$N$、$R$。我们断言：所求的轨迹就是直线 $MN$ 和直线 $RS$。

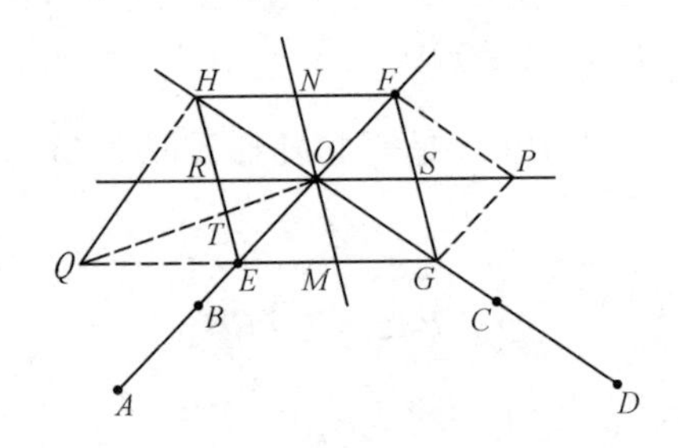


图 6－1

先证轨迹的纯粹性。注意，当线段 $CD$ 在直线 $HG$ 上"滑动"时，对固定的任一点 $P$，面积$\triangle PCD$ 是不变的。同样地，线段 $AB$ 在直线 $EF$ 上滑动时，$\triangle PAB$ 也不变。于是

$$\begin{cases} \triangle POE = \triangle POF = \triangle PAB, \\ \triangle POG = \triangle POH = \triangle PCD。\end{cases}$$

当 $P$ 在直线 $RS$ 上时，由共边比例定理知

$$\frac{\triangle PAB}{\triangle PCD}=\frac{\triangle POF}{\triangle POG}=\frac{FS}{GS}=1。$$

当 $P$ 在直线 $MN$ 上时，同理

$$\frac{\triangle PAB}{\triangle PCD}=\frac{\triangle POE}{\triangle POG}=\frac{EM}{GM}=1。$$

这表明直线 $RS$ 和直线 $MN$ 上的点都在轨迹上。

再证轨迹的完备性。若 $Q$ 不在直线 $MN$ 或 $RS$ 上，不妨设 $Q$ 是 $\angle ROE$ 内的任一点，连 $OQ$ 交 $RE$ 于 $T$，则 $TE<RE=HR<HT$。由共边比例定理

$$\frac{\triangle QAB}{\triangle QCD}=\frac{\triangle QOE}{\triangle QOH}=\frac{ET}{HT}<1,$$

可见 $Q$ 不在轨迹上。

**[例 6.1.4]** 设 $A$、$B$、$C$、$D$ 都在直线 $l$ 上，$a$ 是给定的正数，求平面上满足条件

$$\triangle PAB+\triangle PCD=a$$

的点 $P$ 的轨迹。

**解**：有两种情形：

(1) 若 $A$ 与 $B$ 重合，且 $C$ 与 $D$ 重合，则对平面上任一点 $P$ 总有 $\triangle PAB+\triangle PCD=0<a$，故所求轨迹是空集。

(2) 若 $AB+CD>0$，则所求轨迹显然是与直线 $l$ 平行、且到 $l$ 的距离为

$$h=\frac{2a}{AB+CD}$$

的两条直线。

[**例 6.1.5**] 若 $ABCD$ 是平行四边形，$a$ 是给定的正数，求平面上满足条件

$$\triangle PAB+\triangle PCD=a$$

的点 $P$ 的轨迹。

**解**：分 3 种情形：

（1）若▱$ABCD$ 面积大于 $2a$，所求轨迹是空集。

（2）若▱$ABCD$ 面积等于 $2a$，如图 6－2（1），所求轨迹是直线 $AB$ 与 $CD$ 所夹的条形区域（含直线 $AB$、$CD$）。

（3）若▱$ABCD$ 面积小于 $2a$，如图 6－2（2），所求轨迹是与 $AB$ 平行的两条直线 $l_1$、$l_2$。$l_1$ 与 $l_2$ 分居于 $AB$、$CD$ 所夹条形区域的两侧，到条形区域边界距离为

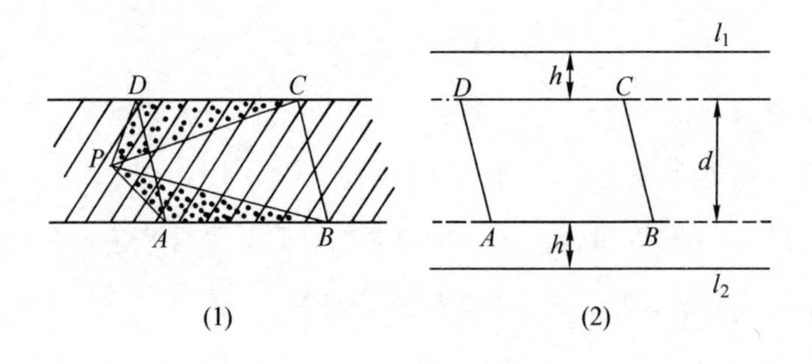


图 6－2

$$h=\frac{2a-AB\cdot d}{2AB},$$

这里 $d$ 是 $AB$ 到 $CD$ 的距离。

轨迹(2)与(3)的证明从略。

［例 6.1.6］　设 $ABCD$ 是平行四边形，求平面上满足条件

$$\triangle PAB+\triangle PBC+\triangle PCD+\triangle PDA=a$$

的点 $P$ 的轨迹。这里 $a$ 是一个给定的正数。

**解**：分 3 种情形：

(1) 若▱$ABCD$ 面积大于 $a$，所求轨迹是空集。

(2) 若▱$ABCD$ 面积等于 $a$，所求轨迹是平行四边形内和周界上的所有的点。

(3) 若▱$ABCD$ 面积小于 $a$，所求轨迹是如图 6－3 所示的包围了▱$ABCD$ 的八边形。设▱$ABCD$ 面积为 $S$，$AB$ 到 $CD$ 距离为 $d_1$，$AD$

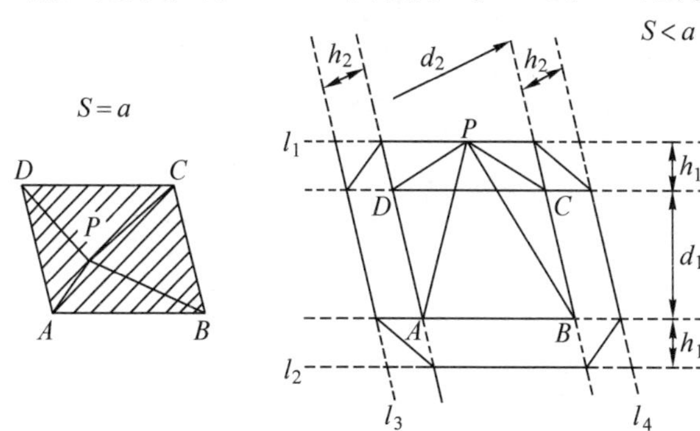


图 6－3

到 $BC$ 距离为 $d_2$，则图中确定八边形的参数 $h_1$、$h_2$ 如下：

$$h_1=\frac{a-S}{AB},\ h_2=\frac{a-S}{AD}。$$

这是因为 $P$（当 $P$ 在 $DC$ 外侧时）应当满足

$$\begin{aligned}a&=\triangle PAB+\triangle PBC+\triangle PCD+\triangle PDA\\&=S+2\triangle PDC\end{aligned}$$

之故，详细证明从略。

**［例 6.1.7］**　设 $l_1$、$l_2$ 两直线相交于 $O$。在 $l_1$ 上取两点 $A$、$B$，在 $l_2$ 上取两点 $C$、$D$。设 $a$ 是任意给定的正数，求满足条件

$$\triangle PAB+\triangle PCD=a$$

的点 $P$ 的轨迹。

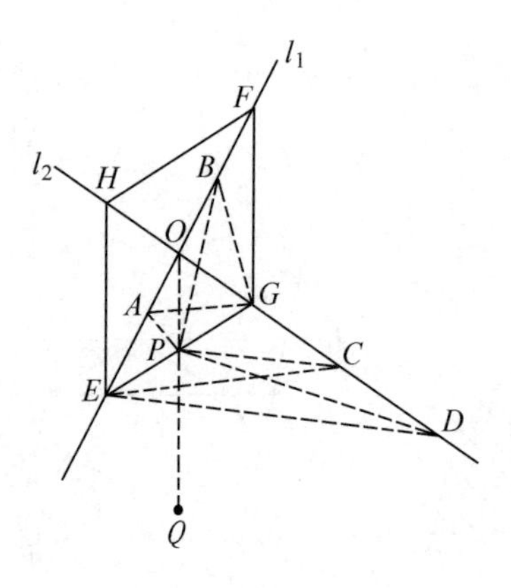


图 6－4

**解**：如图 6－4，在 $l_1$ 上取 $E$、$F$，使 $\triangle EDC=\triangle FDC=a$。在 $l_2$ 上取 $G$、$H$，使 $\triangle GAB=\triangle HAB=a$。显然 $O$ 是 $EF$ 的中点，也是 $GH$

的中点。于是，四边形$EGFH$为平行四边形。

我们说：这个平行四边形的周界就是所求的轨迹。

下面先证轨迹的纯粹性。设 $P$ 在$\square EGFH$ 周界上，比如在 $EG$ 边上。设 $PG=\lambda EG$。由共边比例定理

$$\frac{\triangle PCD}{\triangle ECD}=\frac{PG}{EG}=\lambda,$$

所以

$$\triangle PCD=\lambda\triangle ECD=\lambda a。\tag{1}$$

同理

$$\triangle PAB=(1-\lambda)\triangle GAB=(1-\lambda)a。\tag{2}$$

(1)+(2)得$\triangle PAB+\triangle PCD=a$，纯粹性得证。

下证轨迹的完备性。设 $Q$ 不在$\square EGFH$ 周界上，连 $QO$ 交其周界于 $P$，则由共边比例定理得

$$\frac{\triangle QCD}{\triangle PCD}=\frac{\triangle QAB}{\triangle PAB}=\frac{QO}{PO}\neq 1,$$

合比之，得

$$\frac{\triangle QCD+\triangle QAB}{a}\neq 1,$$

即 $Q$ 不在轨迹上。 □

以上举的例子都是直线型轨迹。下面介绍一个涉及圆的轨迹。

**[例 6.1.8]** 给了平面上两点 $A$、$B$，对给定的常数 $k\geqslant 0$，求满足条件

$$\triangle PAB = k \cdot PA \cdot PB \qquad (6.1.1)$$

的点 $P$ 的轨迹。

**解**：有多种情形：

（1）若 $A$、$B$ 重合而 $k>0$，轨迹由一个点 $A$ 构成。

（2）若 $A$、$B$ 重合而 $k=0$，轨迹是全平面。

（3）若 $A$、$B$ 不重合而 $k=0$，轨迹是直线 $AB$。

（4）若 $A$、$B$ 不重合而 $k>\frac{1}{2}$，轨迹由 $A$、$B$ 两点构成。

（5）若 $A$、$B$ 不重合而 $0<k\leqslant\frac{1}{2}$ 时，将（6.1.1）式与三角形面积公式 $\triangle PAB=\frac{1}{2}PA\cdot PB\cdot\sin\angle APB$ 比较，可知（6.1.1）式等价于

$$\sin\angle APB = 2k。$$

由此易找出所要的轨迹。

若 $2k=1$，则 $\angle APB=90°$，所求轨迹显然是以 $AB$ 为直径的圆周。

若 $0<2k<1$，过 $A$ 作 $AB$ 的垂线 $l$。以 $B$ 为圆心，$\frac{AB}{2k}$ 为半径作弧交 $l$ 于 $M$、$N$，再以 $BM$、$BN$ 为直径作两个圆，这两个圆周就是所求的轨迹（如图 6－5）。这时有

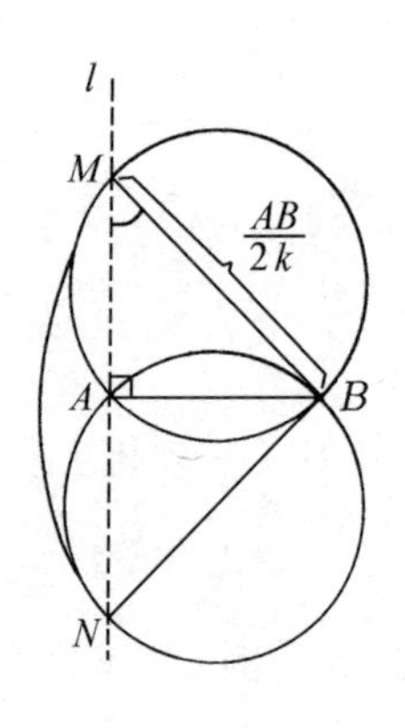

图 6－5

$$\sin\angle AMB = \sin\angle ANB = \frac{AB}{MB} = 2k,$$

详细证明从略。 □

以上举出的轨迹，有空集、全平面、一条直线、两条平行线、两条相交直线、带形域、平行四边形域、平行四边形周界、八边形周界、圆周、一点集、两点集共12种类型。这样丰富多彩的轨迹作为课外活动的资料，可使学生眼界大开。它们中的许多都是简单地用一个面积等式来描述的。很难想象，一个简单的等式有如此多的变化。学生可以由这些例子得到启发，提出别的有趣的轨迹题。

例6.1.6就可以有大量的变化：把$A$、$B$、$C$、$D$ 4点改为3点、任意4点或更多的点，轨迹又会是什么样子呢?

## 6.2 面积与坐标

从小学到初中，面积都是正的；但如果引入带正负号的面积，有时更为方便。

按照通常的约定，简单多边形（即边界不和自己相交的多边形）面积，依照边界“走向”来确定正负号。如果指定的边界走向是逆时针方向，面积为正；反之，边界走向为顺时针方向，面积为负。至于边界走向，可以在图上用箭头表示，也可以用顶点的排列顺序表明（如图6-6）。

为了区分带号面积与不带号面积，我们在表示面积的符号上画一横线来表示带号面积，如$\overline{S}_{ABCD}=-\overline{S}_{DCBA}$、$\overline{\triangle}ABC=\overline{\triangle}CAB$，等等。

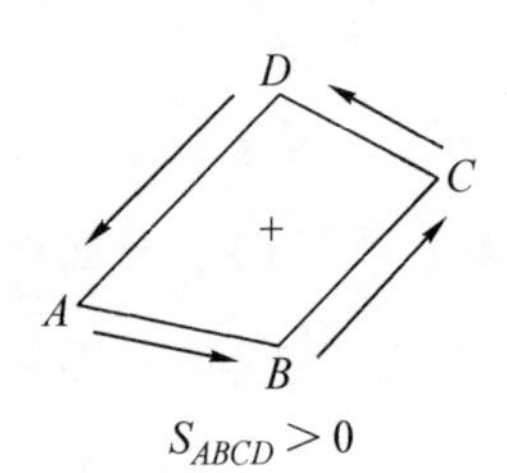

$S_{ABCD}>0$

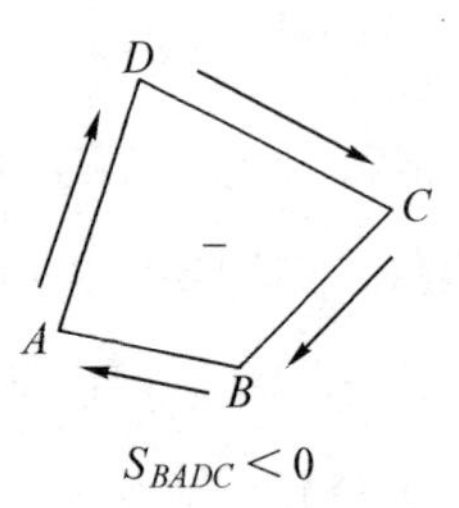

$S_{BADC}<0$

图 6－6

带号面积的好处，在于它可以用更简洁的语言来描述一些几何事实。例如，下面的 3 句话说的是平凡的几何事实：

（1）若 $P$ 在线段 $BC$ 上，则

$$\triangle ABC=\triangle ABP+\triangle APC。$$

（2）若 $P$ 在 $BC$ 的延长线上，则

$$\triangle ABC=\triangle ABP-\triangle APC。$$

（3）若 $P$ 在 $CB$ 的延长线上，则

$$\triangle ABC=\triangle APC-\triangle ABP。$$

这么平常的事，要啰唆好几句。如果用了带号面积，3 句话便可以并成一句：若 $P$ 在直线 $BC$ 上，则

$$\overline{\triangle}ABC=\overline{\triangle}ABP+\overline{\triangle}APC。\tag{6.2.1}$$

图 6－7 清楚地表明了上面这个等式的含意。

注意，当 $P$ 在 $BC$ 边上时，$\overline{\triangle}ABP$ 与 $\overline{\triangle}APC$ 同号，（6.2.1）式成为 $\triangle ABC=\triangle ABP+\triangle APC$，即（1）。若 $P$ 在 $BC$ 的延长线上时，$\overline{\triangle}ABP$ 与 $\overline{\triangle}ABC$ 同号但与 $\overline{\triangle}APC$ 反号，（6.2.1）式成为 $\triangle ABC=$

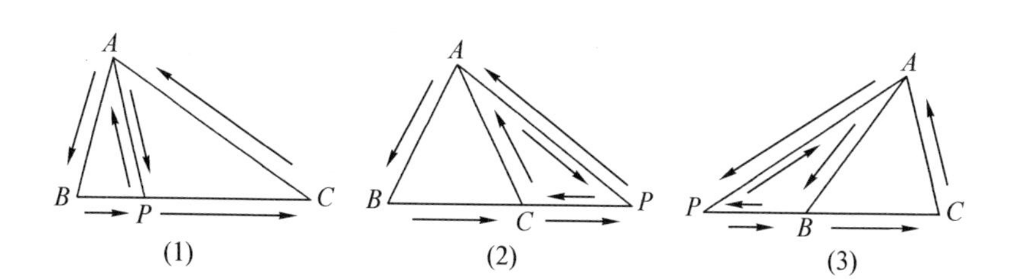


图 6－7

$\triangle ABP - \triangle APC$，成了（2）。当 $P$ 在 $CB$ 的延长线上时，$\overline{\triangle}ABC$ 与 $\overline{\triangle}APC$ 同号而与 $\overline{\triangle}ABP$ 反号，它又成了（3）。你看，一个简单的等式就这样包含了丰富的信息。

再看图 6－8。（1）表示凸四边形的面积为两个三角形面积之和，（2）表示凹四边形面积等于两个三角形面积之差。即：

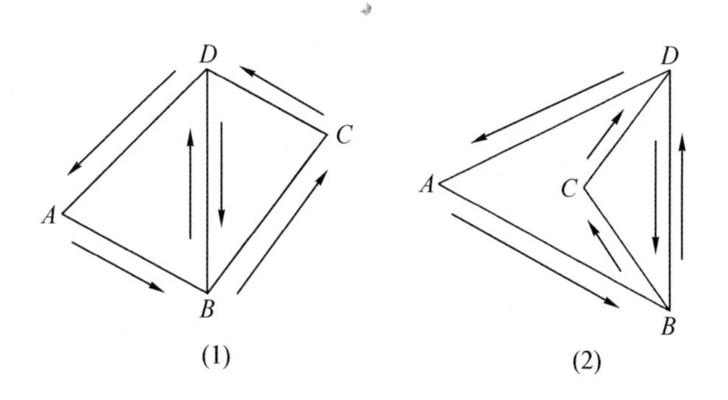


图 6－8

（1）$S_{凸四边形ABCD} = \triangle ABD + \triangle BCD$，

（2）$S_{凹四边形ABCD} = \triangle ABD - \triangle BCD$。

用了带号面积，这两个等式便可以统一叙述成

$$\overline{S}_{ABCD}=\overline{\triangle}ABD+\overline{\triangle}BCD。$$

类似地，可以引进“有向角”的概念。我们约定：若$\overline{\triangle}ABC>0$,则$\angle ABC$为正角，反之为负角。用记号$\measuredangle$表示有向角，则三角形的带号面积公式是

$$\overline{\triangle}ABC=\frac{1}{2}bc\sin\measuredangle CAB=\frac{1}{2}ac\sin\measuredangle ABC$$

$$=\frac{1}{2}ab\sin\measuredangle BCA。$$

而带号面积的共边比例定理，则可以配合有向线段表示为

$$\frac{\overline{\triangle}PAB}{\overline{\triangle}QAB}=\frac{\overline{PM}}{\overline{QM}}。$$

张角公式可以用有向角表示为

$$\frac{\sin\measuredangle APB}{PC}+\frac{\sin\measuredangle CPB}{PA}+\frac{\sin\measuredangle APC}{PB}=0,$$

或者写成

$$\frac{\sin\measuredangle BPC}{PA}+\frac{\sin\measuredangle CPA}{PB}+\frac{\sin\measuredangle APB}{PC}=0。$$

这样使用了带号面积、有向角和有向线段之后，可以使许多命题表述得更一般，证起来更简单，用起来更广泛。限于篇幅，这里不再详述。

有了带号面积，就可以引入面积坐标了。

规定了顶点排列顺序的三角形叫定向三角形，定向三角形 $ABC$ 记作 $\overline{\triangle}ABC$。在平面上任取一个定向三角形 $\overline{\triangle}A_1A_2A_3$，叫它“坐标三角形”，$A_1$、$A_2$、$A_3$ 叫做基点。对平面上任一点 $M$，就有了 3 个三角形：$\overline{\triangle}MA_2A_3$、$\overline{\triangle}MA_3A_1$、$\overline{\triangle}MA_1A_2$。这 3 个三角形的带号面积分别记作

$$s_1=\overline{\triangle}MA_2A_3,\ s_2=\overline{\triangle}MA_3A_1,\ s_3=\overline{\triangle}MA_1A_2。$$

它们的定向，由 $\overline{\triangle}A_1A_2A_3$ 中 3 边的走向决定（如图 6－9）。

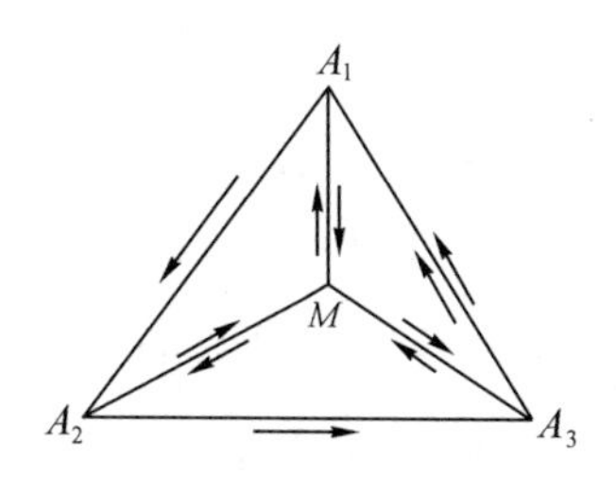


图 6－9

我们把三元数组（$s_1$，$s_2$，$s_3$）叫做（以 $\overline{\triangle}A_1A_2A_3$ 为坐标三角形时）点 $M$ 的“面积坐标”，记作

$$M=(s_1,\ s_2,\ s_3)。$$

显然，相同的点有相同的坐标，不同的点有不同的坐标。$s_1$、$s_2$、$s_3$ 叫做 $M$ 的 3 个“坐标分量”。

不过，随便给 3 个数，可不一定是某个点的坐标。因为如果记 $S=\overline{\triangle}A_1A_2A_3$，一个点的坐标（$s_1$，$s_2$，$s_3$）一定要满足

$$s_1+s_2+s_3=S。\qquad(6.2.2)$$

仔细看一看图6－9，便可“看”出这条规律来。

在（6.2.2）式中，若 $S>0$，便称为右手坐标系，$S<0$ 称为左手系。当不加说明时，通常指右手系。

既然一个点的3个坐标分量之间满足关系 $s_1+s_2+s_3=S$，那么，只要知道了两个，便可以写出第三个来。例如当 $S=8$ 时，一个点的坐标是（$a$，$b$，$*$），这 $*$ 一定是 $8-a-b$，而（3，$*$，－1）便是（3，6，－1），（$*$，$\pi$，3）便是（$5-\pi$，$\pi$，3），等等。

确定一个点的面积坐标还有另外一种途径，即给出三者之比

$$s_1:s_2:s_3=\mu_1:\mu_2:\mu_3。$$

这时，（$\mu_1:\mu_2:\mu_3$）便叫做 $M=(s_1,s_2,s_3)$ 的齐次面积坐标。通常，也把（$\mu_1:\mu_2:\mu_3$）叫做 $M$ 的重心坐标。其物理意义是鲜明的：如果给 $A_1$、$A_2$、$A_3$ 赋以质量 $\mu_1$、$\mu_2$、$\mu_3$，则质点 $A_1(\mu_1)$、$A_2(\mu_2)$、$A_3(\mu_3)$ 的重心恰在 $M$ 处。

重心坐标与面积坐标之间的换算很简单。若 $M$ 的面积坐标是（$s_1$，$s_2$，$*$），则任取一实数 $k\neq 0$，便得到 $M$ 的一组重心坐标（$ks_1:ks_2:k(s-s_1-s_2)$）；反过来，若 $M$ 的重心坐标为（$\mu_1:\mu_2:\mu_3$），则其面积坐标为

$$\left(\frac{\mu_1 S}{\mu_1+\mu_2+\mu_3},\frac{\mu_2 S}{\mu_1+\mu_2+\mu_3},\frac{\mu_3 S}{\mu_1+\mu_2+\mu_3}\right)。$$

由此看出，一个点的重心坐标（$\mu_1:\mu_2:\mu_3$）应当满足条件 $\mu_1+\mu_2+\mu_3\neq 0$（若 $\mu_1+\mu_2+\mu_3=0$，就说（$\mu_1:\mu_2:\mu_3$）代表一个“无穷远

点”)。当 $\mu_1+\mu_2+\mu_3=1$ 时,$(\mu_1:\mu_2:\mu_3)$ 叫做“规范重心坐标”。当 $S=1$ 时,面积坐标也就是规范重心坐标。

既然知道了 $M=(s_1, s_2, s_3)$ 的两个面积坐标分量就可以确定 $M$,所以可以干脆用 $(s_1, s_2)$ 来表示点 $M$,或者用 $\left(\frac{s_1}{S}, \frac{s_2}{S}\right)$ 来表示。这时,$\left(\frac{s_1}{S}, \frac{s_2}{S}\right)$ 叫做在坐标系 $\{A_3, \overline{A_3A_1}, \overline{A_3A_2}\}$ 之下 $M$ 的仿射坐标,而 $A_3$ 叫做这个仿射坐标系的原点。

如果 $|\overline{A_3A_1}|=|\overline{A_3A_2}|=1$,且 $\angle A_1A_3A_2=90°$,则这个仿射坐标系 $\{A_3, \overline{A_3A_1}, \overline{A_3A_2}\}$ 叫做笛卡儿坐标系,也就是常用的直角坐标系。

这样,面积坐标实际上包括了重心坐标、仿射坐标、直角坐标等多种坐标。在面积坐标系里推出一个公式来,马上可以变换成在其他坐标系里的公式。

下面列出面积坐标系里的几个基本公式

**(1) 定比分点公式**

在面积坐标系里 $M_1=(s_1, s_2, s_3)$,$M_2=(t_1, t_2, t_3)$,而 $M$ 在直线 $M_1M_2$ 上,且 $\overline{M_1M}:\overline{MM_2}=\lambda$,则 $M$ 的坐标 $(x_1, x_2, x_3)$ 可用下列公式计算:

$$x_i=\frac{s_i+\lambda t_i}{1+\lambda}\quad(i=1,2,3)。\tag{6.2.3}$$

这一公式的证明,可参照例 5.3.8 的证明。根据这个公式,可写出仿射坐标系、直角坐标系以及规范重心坐标系里的类似公式。

但是，这个公式在一般重心坐标系里并不成立。因为每个点的坐标可乘以任意因子，这破坏了定比组合的性质。

**（2）直线方程式**

设直线 $l$ 上有两个点 $M_1(s_1, s_2, s_3)$、$M_2(t_1, t_2, t_3)$，则 $l$ 上任一点 $M$（$x_1, x_2, x_3$）应满足条件（6.2.3）式，即

$$\begin{cases}(1+\lambda)x_1 - s_1 - \lambda t_1 = 0, \\ (1+\lambda)x_2 - s_2 - \lambda t_2 = 0, \\ (1+\lambda)x_3 - s_3 - \lambda t_3 = 0。\end{cases} \tag{6.2.4}$$

这里参数 $\lambda = \overline{M_1M} : \overline{MM_2}$。从（6.2.4）式中消去参数 $\lambda$，得

$$\begin{vmatrix} x_1 & s_1 & t_1 \\ x_2 & s_2 & t_2 \\ x_3 & s_3 & t_3 \end{vmatrix} = 0。 \tag{6.2.5}$$

这就是 $M$、$M_1$、$M_2$ 3 点共线的条件，也可以看成 $M$ 的面积坐标所满足的直线方程式。

把上面这个行列式的第一、二行加到第三行上，并且把第三行除以 $S$，得

$$\begin{vmatrix} x_1 & s_1 & t_1 \\ x_2 & s_2 & t_2 \\ 1 & 1 & 1 \end{vmatrix} = 0。$$

这就是仿射坐标系里 3 点共线的条件，或者说是仿射坐标系里的直

线方程式。

把（6.2.5）式展开，得

$$c_1x_1+c_2x_2+c_3x_3=0。$$

这就是面积坐标系或重心坐标系里直线方程式的一般形式。

那么，系数 $c_1$、$c_2$、$c_3$ 有什么几何意义呢？回答颇为有趣。设 $A_1$、$A_2$、$A_3$ 到直线 $l$ 的带号距离分别为 $h_1$、$h_2$、$h_3$，并约定若 $A_i$、$A_j$ 位于 $l$ 的同侧，则 $h_i$、$h_j$ 同号，否则 $h_i$、$h_j$ 反号。这时一定有

$$c_1:c_2:c_3=h_1:h_2:h_3。\tag{6.2.6}$$

事实上，如图 6－10，设直线 $l$ 交 $A_1A_2$ 于 $P$，则 $P$ 的面积坐标为 $(s_1, s_2, 0)$。因 $P$ 在 $l$ 上，故

$$c_1s_1+c_2s_2=0。$$

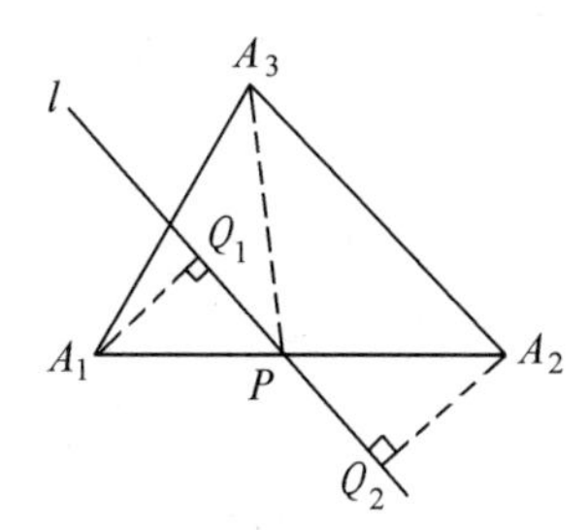


图 6－10

又设 $A_1$、$A_2$ 到 $l$ 的垂足分别为 $Q_1$、$Q_2$，则

$$\frac{c_2}{c_1}=-\frac{s_1}{s_2}=-\frac{\overline{\triangle}PA_2A_3}{\overline{\triangle}A_1PA_3}=\frac{\overline{A_2P}}{\overline{A_1P}}$$

$$= \frac{\overline{A_2Q_2}}{\overline{A_1Q_1}} = \frac{h_2}{h_1}。$$

同理 $c_2: c_3 = h_2: h_3$，于是（6.2.6）式成立。

**（3）两点距离公式**

如图6－11，求两点 $M=(s_1, s_2, s_3)$、$N=(t_1, t_2, t_3)$ 的距离。作 $NP /\!/ A_2A_3$，并使 $MP /\!/ A_1A_3$，记

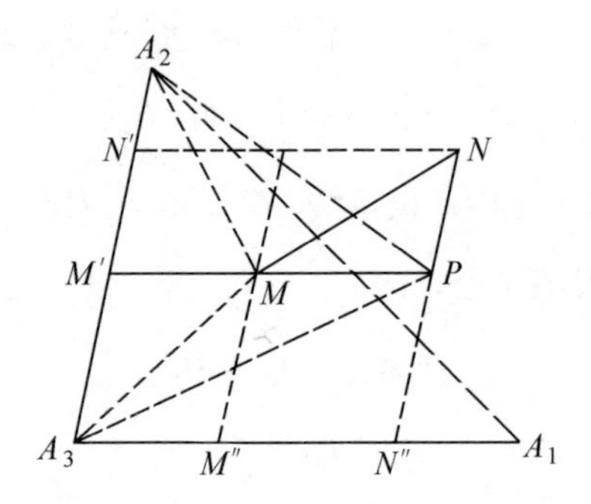


图6－11

$$a_1 = |\overline{A_2A_3}|, \ a_2 = |\overline{A_1A_3}|, \ a_3 = |\overline{A_1A_2}|。$$

易求出

$$\overline{PM} = \frac{(t_1 - s_1)}{S} \cdot \overline{A_1A_3},$$

$$\overline{NP} = \frac{(t_2 - s_2)}{S} \cdot \overline{A_2A_3}。$$

由余弦定理得

$$\left|MN\right|^2=\frac{1}{S^2}\left[a_2^2(t_1-s_1)^2+a_1^2(t_2-s_2)^2\right.$$

$$\left.-2a_1a_2(t_1-s_1)(t_2-s_2)\cos A_3\right]。$$

这个公式关于3个坐标分量不对称。若$S=1$，并记

$$\begin{cases}p_1=\frac{1}{2}(a_2^2+a_3^2-a_1^2)=a_2a_3\cos A_1,\\ p_2=\frac{1}{2}(a_1^2+a_3^2-a_2^2)=a_1a_3\cos A_2,\\ p_3=\frac{1}{2}(a_1^2+a_2^2-a_3^2)=a_1a_2\cos A_3,\end{cases}$$

则可以验证

$$\overline{MN}^2=p_1(t_1-s_1)^2+p_2(t_2-s_2)^2+p_3(t_3-s_3)^2。$$

这个公式有简洁而对称的形式。如果取$\triangle A_1A_2A_3$为正三角形，且$a_1=a_2=a_3=\sqrt{2}$，则$p_1=p_2=p_3=1$。注意，$p_1$、$p_2$、$p_3$正是本章第5小节将引入的勾股差之半。

关于面积坐标在解题时的大量应用，有兴趣的读者可参看《初等数学论丛》(3) 中杨路的文章《谈谈重心坐标》。

## 6.3 面积与自然对数

在现行高中课本中，提到了以常数$e=2.71828\cdots$为底的对数——自然对数。以后，又不加证明地介绍了极限$\lim\limits_{x\to\infty}\left(1+\frac{1}{x}\right)^x=e$，初步引

进了函数 $e^x$、$\ln x$ 以及其求导法则。这是很有必要的，因为 $e^x$ 和 $\ln x$ 是高等数学中极其重要的一对函数。但是，中学生学到这里，往往觉得 e、$e^x$ 和 $\ln x$ 高深莫测。

若用曲线 $y=\frac{1}{x}$ 下的面积引入自然对数 $\ln x$，则显得简单具体、直观性强，而且涉及的基础知识少，还把平面几何、解析几何与高等数学更密切地联系起来了。

**定义 6.3.1** 在笛卡儿坐标系中，曲线 $y=\frac{1}{x}$（$x>0$）之下 $x$ 轴之上，直线 $x=a$ 和 $x=b$ 之间的面积，当 $b\geqslant a>0$ 时，记作 $S_a^b$，并约定 $S_b^a=-S_a^b$（如图 6－12）。

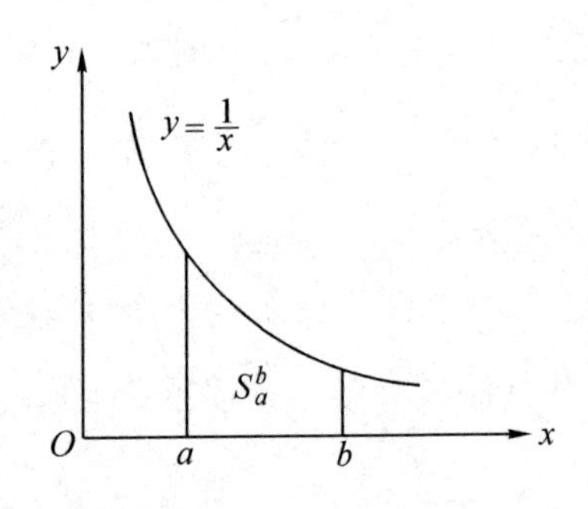


图 6－12

**推论 6.3.1** $S_a^a=0$。

**推论 6.3.2** $S_a^b+S_b^c=S_a^c$。

任取一个正数 $\mu$，把全平面沿 $y$ 轴方向作一个均匀的、比例系数为 $\mu$ 的“压缩”（当 $\mu>1$ 时实际上是“扩张”），又沿 $x$ 轴方向作比例系数为$\frac{1}{\mu}$的“扩张”（当$\mu>1$时实际上是“压缩”）。这样，一个坐标为（$x$，$y$）的点$A$，变成了坐标为（$x'$，$y'$）$=\left(\frac{1}{\mu}x, \mu y\right)$的点$A'$。由于$xy=x'y'$，所以曲线$y=\frac{1}{x}$的点仍变到此曲线上。

在这种变换下，任一个两边与$x$、$y$轴平行的矩形仍变成这样的矩形，而且面积不变。设$P_1P_2P_3P_4$是这样一个矩形，且

$$P_1=(x_1,y_1), P_2=(x_2,y_1),$$

$$P_3=(x_2,y_2), P_4=(x_1,y_2)。$$

经变换之后，矩形$P_1P_2P_3P_4$变为矩形$P_1'P_2'P_3'P_4'$，且

$$P_1'=\left(\frac{x_1}{\mu}, \mu y_1\right), P_2'=\left(\frac{x_2}{\mu}, \mu y_1\right),$$

$$P_3'=\left(\frac{x_2}{\mu}, \mu y_2\right), P_4'=\left(\frac{x_1}{\mu}, \mu y_2\right)。$$

原来矩形的面积是$|(x_2-x_1)(y_2-y_1)|$，变换之后，矩形的面积是

$$\left|\left(\frac{x_2}{\mu}-\frac{x_1}{\mu}\right)(\mu y_2-\mu y_1)\right|=|(x_2-x_1)(y_2-y_1)|,$$

没有变化。这是因为矩形的长缩小为原来的几分之一，宽就增大到原来的几倍。

利用无限细分、求和、取极限的面积计算原理可知，曲线$y=\frac{1}{x}$之下的每块面积$S_a^b$在$(x, y)\to\left(\frac{x}{\mu}, \mu y\right)$的变换中不变。这时，点

$(a,0)$ 变为 $\left(\frac{a}{\mu},0\right)$，$(b,0)$ 变为 $\left(\frac{b}{\mu},0\right)$，而 $S_a^b$ 变为 $S_{\frac{a}{\mu}}^{\frac{b}{\mu}}$，故 $S_a^b=S_{\frac{a}{\mu}}^{\frac{b}{\mu}}$。

**推论 6.3.3** 对任意 $\lambda>0$，有

$$S_a^b=S_{\lambda a}^{\lambda b}\text{。}$$[①]

这里用 $\lambda$ 代替了 $\frac{1}{\mu}$。至此，可以引入自然对数了。

**定义 6.3.2** 对 $0<x<+\infty$，记 $S_1^x=\ln x$，并称函数 $y=\ln x$ 为 $x$ 的自然对数。

从两个定义及三个推论中，立刻得到自然对数的一系列性质。

**命题 6.3.1** $y=\ln x$ 的基本性质

(1)（乘变加）$\ln(x_1x_2)=\ln x_1+\ln x_2$。

(2)（递增性）当 $x_1<x_2$ 时，$\ln x_1<\ln x_2$。

(3) $\begin{cases}\ln x=0 & (x=1),\\ \ln x>0 & (x>1),\\ \ln x<0 & (x<1)\text{。}\end{cases}$

(4)（连续性）$\lim\limits_{x\to x_0}\ln x=\ln x_0$。

(5)（对数函数不等式）$\frac{x}{1+x}\leqslant\ln(1+x)\leqslant x$ 或

$$\frac{1}{1+x}\leqslant\ln\left(1+\frac{1}{x}\right)\leqslant\frac{1}{x}\text{。}$$

① 也可不用压缩变换，直接用求导方法证明 $S_1^x=S_\lambda^{\lambda x}$。即令 $f(x)=S_1^x$，$g(x)=S_\lambda^{\lambda x}$，再证明 $f(1)=g(1)=0$，$f'(x)=g'(x)$。

(6)（求导法则）$(\ln x)'=\dfrac{1}{x}$。

(7)（值域）当 $x$ 取遍 $(0,\ +\infty)$ 时，$\ln x$ 取遍全体实数。

下面列出证明这些性质的方法：

性质（1）可由定义及推论 6.3.3 证明。

$\ln(x_1x_2)=S_1^{x_1x_2}=S_1^{x_1}+S_{x_1}^{x_1x_2}=S_1^{x_1}+S_1^{x_2}=\ln x_1+\ln x_2$。这里关键的一步是 $S_{x_1}^{x_1x_2}=S_1^{x_2}$，这相当于推论 6.3.3 中取 $a=1$，$b=x_2$，而 $\lambda=x_1$。由性质（1）还可知 $\ln\dfrac{x_2}{x_1}=\ln x_2-\ln x_1$ $\left(\text{只要在（1）中取 } x_1=y_1,\ x_2=\dfrac{y_2}{y_1},\ \text{可得 } \ln y_2=\ln y_1+\ln\dfrac{y_2}{y_1}\right)$ 以及 $\ln x^n=n\ln x$。

性质（2）、(3)、(4) 均由定义得出：

$$\ln x_2-\ln x_1=S_{x_1}^{x_2}>0\quad(x_2>x_1),$$

又显然有

$$|S_{x_1}^{x_2}|\leqslant|x_2-x_1|\cdot\frac{1}{x_1}=\frac{x_2}{x_1}-1,$$

故当 $x_1\to x_2$ 时 $S_{x_1}^{x_2}\to 0$，这就证明了连续性。

要证明性质（5），当 $x>0$ 时，参看图 6－13，就一目了然了。

图中阴影部分面积是 $\ln(1+x)$，小于矩形 $ABCD$ 的面积 $1\cdot x=x$，大于矩形 $ABFE$ 的面积 $x\cdot\dfrac{1}{1+x}=\dfrac{x}{1+x}$，即不等式（5）成立。当 $x<0$ 时，不等式可由

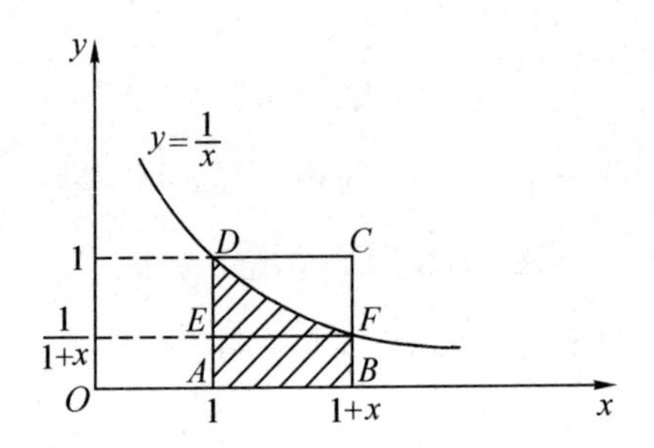


图 6－13

$$-\ln(1+x)=\ln\left(1-\frac{x}{1+x}\right)$$

导出。

性质(6)可由性质(1)与(5)导出。按导数定义，

$$(\ln x)'=\lim_{h\to 0}\frac{\ln(x+h)-\ln x}{h}$$

$$=\lim_{h\to 0}\frac{1}{h}\ln\left(1+\frac{h}{x}\right)。$$

当 $h>0$ 时，由（5）得

$$\frac{1}{x+h}<\frac{1}{h}\ln\left(1+\frac{h}{x}\right)<\frac{1}{x};$$

当 $h<0$ 时，由（5）得

$$\frac{1}{x}<\frac{1}{h}\ln\left(1+\frac{h}{x}\right)<\frac{1}{x+h};$$

令 $h\to 0$ 取极限即得

$$\lim_{h\to 0}\frac{1}{h}\ln\left(1+\frac{h}{x}\right)=\frac{1}{x}。$$

性质(7)可由连续性及 $\ln a^n = n\ln a$ 推出。当 $a>1$ 时，

$$\lim_{n\to+\infty}\ln a^n = +\infty,\quad \lim_{n\to+\infty}\ln a^{-n} = -\infty,$$

可见 $\ln x$ 取遍 $(-\infty, +\infty)$ 的值。

由递增性与连续性知，$\ln x$ 有唯一的反函数 $E(x)$，且 $E(x)$ 连续递增。因为 $\ln x$ 定义于 $(0, +\infty)$ 而值域为 $(-\infty, +\infty)$，故 $E(x)$ 定义于 $(-\infty, +\infty)$ 而取值于 $(0, +\infty)$。又由反函数求导法则可知

$$(E(x))' = E(x)。$$

现在引入记号 $E(1) = \mathrm{e}$，我们指出，$E(x)$ 恰巧就是指数函数 $\mathrm{e}^x$。

首先，若设 $y_1 = \ln x_1$，$y_2 = \ln x_2$，则

$$\begin{aligned}E(y_1+y_2) &= E(\ln x_1 + \ln x_2)\\ &= E[\ln(x_1\cdot x_2)]\\ &= x_1x_2 = E(y_1)\cdot E(y_2)。\end{aligned}$$

最后两步是根据反函数的定义得来的。

因为 $y_1$、$y_2$ 是任意的，可得

$$\begin{aligned}E(nx) &= E(x+(n-1)x)\\ &= E(x)\cdot E((n-1)x)\\ &= E(x)^2E((n-2)x)\\ &= \cdots = E(x)^n。\end{aligned}$$

取 $x=1$，得 $E(n) = (E(1))^n = \mathrm{e}^n$；又取 $x=\frac{1}{n}$，得 $E\left(\frac{1}{n}\right) = \mathrm{e}^{\frac{1}{n}}$；取 $x=$

$\frac{n}{m}$，得 $E\left(\frac{n}{m}\right)=\left(E\left(\frac{1}{m}\right)\right)^{n}=\mathrm{e}^{\frac{n}{m}}$。可见对一切正分数 $x$ 有 $E(x)=\mathrm{e}^{x}$，又因 $\ln 1=0$ 得 $E(0)=1$，故

$$E(x)E(-x)=E(x-x)=E(0)=1,$$

即得
$$E(x)=(E(-x))^{-1}。$$

当 $x$ 为负分数时也有

$$E(x)=(E(-x))^{-1}=(\mathrm{e}^{-x})^{-1}=\mathrm{e}^{x}。$$

总之，对一切有理数有 $E(x)=\mathrm{e}^{x}$。根据连续性可知 $E(x)=\mathrm{e}^{x}$ 对一切实数 $x$ 成立。

最后， 我们来看看 e 是什么?

由 $y=\ln x$ 的基本性质（5）

$$\frac{x}{1+x}\leqslant\ln(1+x)\leqslant x,$$

取 $x=\frac{1}{A}$，则当 $A>0$ 时有

$$\frac{1}{1+A}\leqslant\ln\left(1+\frac{1}{A}\right)\leqslant\frac{1}{A}。$$

同用 $A$ 乘，得

$$\frac{A}{1+A}\leqslant\ln\left(1+\frac{1}{A}\right)^{A}\leqslant 1。$$

同取 $E(x)$ 的值得

$$E\left(\frac{A}{1+A}\right)<\left(1+\frac{1}{A}\right)^{A}<E(1)。$$

令 $A\to+\infty$，两边的极限都是 $E(1)$，故

$$\lim_{A\to+\infty}\left(1+\frac{1}{A}\right)^{A}=E(1)=\mathrm{e}。$$

这就是目前中学课本中略去了证明的那个重要极限等式。

回顾整个推导过程，除了面积大小的比较之外，并没有用到更多的东西。这似乎比先引入 e、$\mathrm{e}^{x}$，再引入 $\ln x$ 要直观浅显得多。这里又一次展示了面积法在数学教学中的重要作用。

微积分里有两类重要函数：三角函数与反三角函数、对数函数与指数函数，它们都可以从面积出发引出来。

## 6.4　一线串五珠

两千多年来，人们总结了许多有趣的几何题。特别是一些由名家提出，或被名家解决的流传甚广的几何名题，就如闪闪发光的珍珠，点缀着瑰丽的几何园林。下面，我们就从这些珍珠中选出 5 颗赏玩一番，它们都与几何不等式有关。

**题 1.**（托勒密不等式）设 $A$、$B$、$C$、$D$ 是平面上任意 4 点，求证：

$$AB\cdot CD+AD\cdot BC\geqslant AC\cdot BD,$$

且等号仅当四边形 $ABCD$ 是圆内接凸四边形时成立。

**题 2.**（费马点问题或施泰纳问题）已知平面上有 $A$、$B$、$C$ 3

点，求平面上这样一点 $P$，它到3点距离之和 $PA+PB+PC$ 最小。

**题3**. （从光行最速原理导出光折射定律）平面上 $A$、$B$ 两点在直线 $l$ 的两侧，$C$、$D$ 两点在直线 $l$ 上。$AC$、$BC$ 分别和 $l$ 成锐角 $\theta_1$、$\theta_2$，且 $\theta_1$ 与 $\theta_2$ 不相邻。求证：

$$\frac{AC}{\cos\theta_1}+\frac{BC}{\cos\theta_2}\leqslant\frac{AD}{\cos\theta_1}+\frac{BD}{\cos\theta_2},$$

且其中等号仅当 $C$ 与 $D$ 重合时成立。

**题4**. （法格乃诺问题）已知锐角三角形 $ABC$，求它的周长最小的内接三角形。

**题5.** （厄尔多斯-莫代尔不等式）设 $P$ 为 $\triangle ABC$ 内或周界上的一点，$P$ 到3边的距离分别为 $x$、$y$、$z$。求证：

$$PA+PB+PC\geqslant 2(x+y+z),$$

等号仅当 $\triangle ABC$ 为正三角形，且 $P$ 为 $\triangle ABC$ 中心时才成立。

5个题目，来自相隔两千年的不同时代，来自遥距万里的不同国度，风格形式也各不相同。历代名家已有各种巧思妙解，很难想象，它们能从同一个平凡的思路入手被一一击破！本来嘛，名题之所以有名，也是因为它们各具特色，难以用统一的思路解决。

但是，我们发现确实有这么一个平凡的思路能够克敌制胜，它就是：把一块面积分成几块，几块面积之和等于原来的那一块。

下面先用这个思路解决较容易的题2。

如图6－14，在正 $\triangle LMN$ 内任取一点 $P$，就有

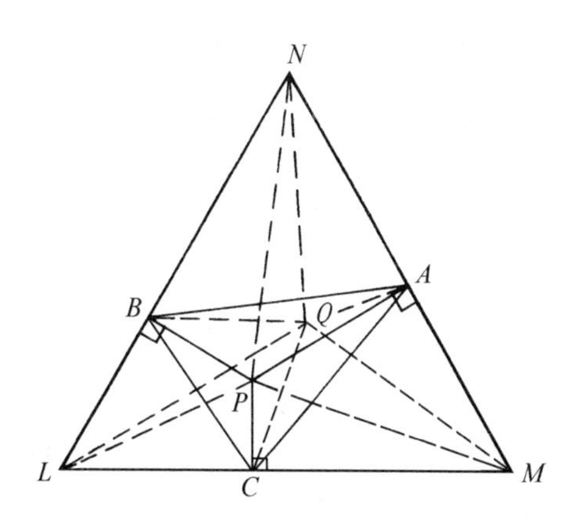


图 6－14

$$\triangle LMN = \triangle PMN + \triangle PNL + \triangle PLM。 \qquad (6.4.1)$$

由 $P$ 向 $MN$、$NL$、$LM$ 分别作垂线，垂足为 $A$、$B$、$C$，则有

$$2\triangle LMN = (PA + PB + PC) \cdot a, \qquad (6.4.2)$$

这里
$$a = MN = NL = LM。$$

对于任一个不同于 $P$ 的点 $Q$，因为"斜线比垂线长"，则有

$$(QA + QB + QC) \cdot a > 2(\triangle QMN + \triangle QNL + \triangle QLM)$$
$$= 2\triangle LMN。 \qquad (6.4.3)$$

比较（6.4.2）与（6.4.3）得

$$PA + PB + PC < QA + QB + QC, \qquad (6.4.4)$$

这表明 $P$ 是与 $A$、$B$、$C$ 距离之和最小的那个点。

为了把这个结果用于题 2，应当找出 $P$ 点的特征。仔细观察可以看出，在四边形 $PANB$ 中，因 $\angle PAN = \angle PBN = 90°$，故 $\angle APB =$

$180° - \angle N = 120°$。同理知$\angle BPC = \angle CPA = 120°$。于是“若$\triangle ABC$内有一点$P$，使$\angle APB = \angle BPC = \angle CPA = 120°$，则$P$使$PA + PB + PC$取到最小”。

证明已经有了，下面我们过$A$、$B$、$C$分别作$PA$、$PB$、$PC$的垂线，这3条垂线就构成正$\triangle LMN$。以下的论证，就是重复（6.4.1）式到（6.4.4）式了。

剩下的两个小问题是：①如何找出点$P$？②没有这样的点$P$，怎么办？

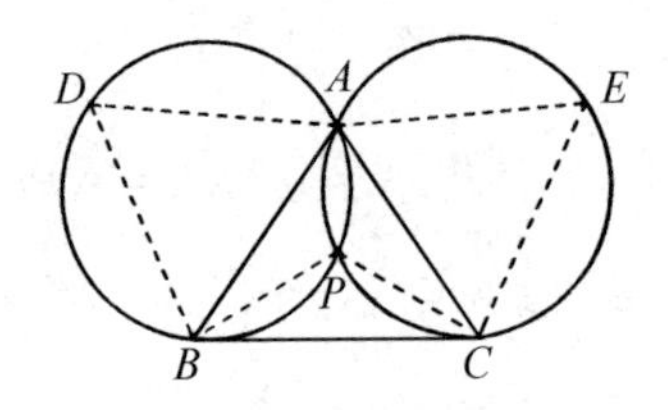


图 6－15

找点$P$的方法如图6－15所示：分别以$AB$、$AC$为一边，向$\triangle ABC$外作正$\triangle ABD$、正$\triangle ACE$，则$\triangle ABD$、$\triangle ACE$的外接圆的交点$P$（不同于$A$）即为所求。因为四边形$PAEC$、$PADB$是圆的内接四边形，而$\angle D$、$\angle E$皆为60°。

如果$\angle BAC \geqslant 120°$，则两圆的交点$P$不在$\triangle ABC$内。这时，所要的点$P$应当与$A$重合。从图6－16中可以看出：如果过$B$、$C$分别作$AB$、$AC$的垂线$BL$、$CL$，$BL$、$CL$交于$L$，再过$A$作直线$NM$与$BL$、$CL$交于$N$、$M$，使$LN = LM$，则因$\angle BAC \geqslant 120°$得$\angle L \leqslant 60°$，于

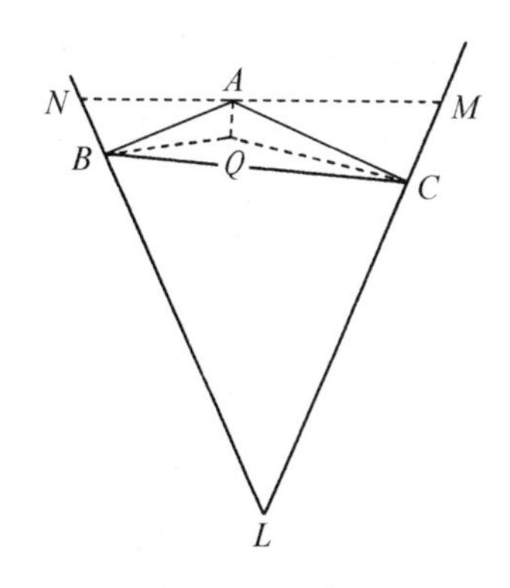


图 6－16

是 $MN \leqslant LN$。记 $LN = LM = a$，则显然有

$$
\begin{aligned}
2\triangle LMN &= 2(\triangle ALM + \triangle ALN) \\
&= (AC + AB) \cdot a。
\end{aligned}
$$

而对任意另一点 $Q$，则有

$$
\begin{aligned}
2\triangle LMN &= 2(\triangle QMN + \triangle QNL + \triangle QLM) \\
&< QA \cdot MN + QB \cdot a + QC \cdot a \\
&\leqslant (QA + QB + QC) \cdot a。
\end{aligned}
$$

于是

$$AB + AC < QA + QB + QC,$$

这证明了 $A$ 是所求的点 $P$。 □

现在我们用另一种方法分割三角形，来解决题 4，即求锐角三角形 $ABC$ 的周长最小的内接三角形。

问题的答案是很多人知道的：周长最小的三角形是 $\triangle ABC$ 的垂

足三角形。已知的最漂亮的证法是法国人小加里勃尔-马南给出的“镜像反射证法”。我们利用面积法证明是个新的思路。

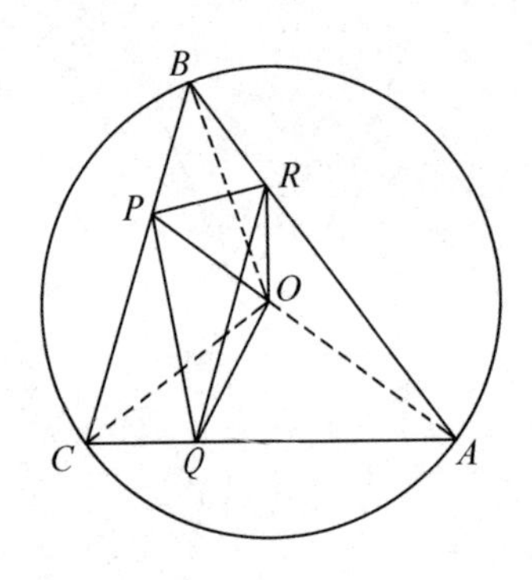


图 6-17

如图 6-17，设 $O$ 是 $\triangle ABC$ 外接圆的圆心，又设 $P$、$Q$、$R$ 分别在 $BC$、$CA$、$AB$ 上，则 $OP$、$OQ$、$OR$ 把 $\triangle ABC$ 分割成 3 个四边形 $OQAR$、$ORBP$、$OPCQ$，则有

$$\triangle ABC = S_{OQAR} + S_{ORBP} + S_{OPCQ}。$$

设外接圆半径为 $r$，则

$$\begin{cases} S_{OQAR} \leqslant \dfrac{r}{2} \cdot QR, \\ S_{ORBP} \leqslant \dfrac{r}{2} \cdot RP, \\ S_{OPCQ} \leqslant \dfrac{r}{2} \cdot PQ。 \end{cases}$$

所以

$$\triangle ABC \leqslant \frac{r}{2} \cdot (QR + RP + PQ),$$

也就是

$$QR + RP + PQ \geqslant \frac{2}{r} \triangle ABC。$$

可见，内接三角形周长最小是$\frac{2}{r}\triangle ABC$。而这个最小值当且仅当 $OA \perp QR$、$OB \perp RP$、$OC \perp PQ$ 同时成立时才能取到。不难证明，这个条件当且仅当 $P$、$Q$、$R$ 都是垂足时才能满足。

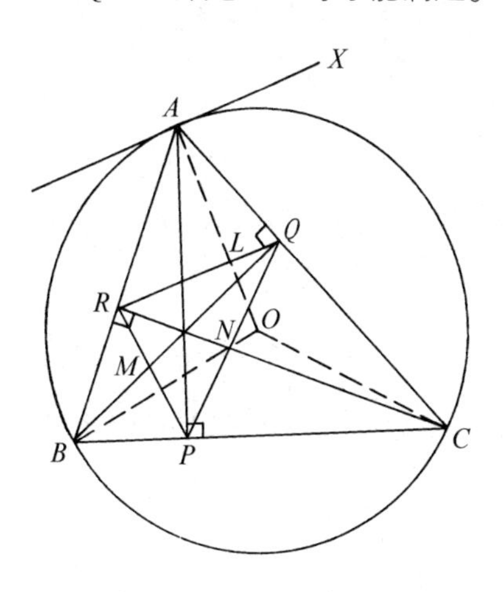


图 6 – 18

如图 6 – 18，如果 $P$、$Q$、$R$ 都是垂足，则 $B$、$C$、$Q$、$R$ 共圆，因而过 $A$ 作切线 $AX$ 后，

$$\angle AQR = \angle ABC = \angle CAX。$$

于是 $RQ /\!/ AX$，故 $OA \perp RQ$。同理 $OB \perp RP$，$OC \perp PQ$。这说明垂足三角形周长最小。

反过来，若 $OA \perp RQ$，则 $AX /\!/ RQ$。于是

$$\angle RBC = \angle CAX = \angle AQR,$$

$R$、$Q$、$B$、$C$ 共圆。同理，$A$、$R$、$P$、$C$ 共圆，于是

$$\angle ACR = \angle ABQ、\angle BAP = \angle BCR、\angle CAP = \angle CBQ。$$

三式相加得

$$\angle ACR + \angle BAP + \angle CAP = \angle ABQ + \angle BCR + \angle CBQ。$$

因为这 6 个角之和为 180°，故

$$\angle ACR + \angle BAP + \angle CAP = 90°,$$

即 $\angle ACR + \angle CAR = 90°$，从而 $\angle ARC = 90°$，即 $CR \perp AB$。同理可证 $AP \perp BC$ 及 $BQ \perp AC$。 □

顺便得到一个有趣的命题（这个命题曾被选为 1986 年全国数学竞赛的赛题）：若 $r$ 是锐角三角形 $ABC$ 外接圆半径，则对于 $BC$、$CA$、$AB$ 上的 3 点 $P$、$Q$、$R$，它们是 $\triangle ABC$ 垂足的充要条件是 $\triangle ABC = \frac{r}{2} \cdot (QR + RP + PQ)$。

在题 1 中，情况不同了。这里没有现成的三角形供我们分割，我们要造一个适当的三角形出来。

如图 6－19，若 $A$、$B$、$C$、$D$ 不共线，不妨设 $C$ 在 $\triangle ABD$ 的外接圆内或圆周上。要证明的是

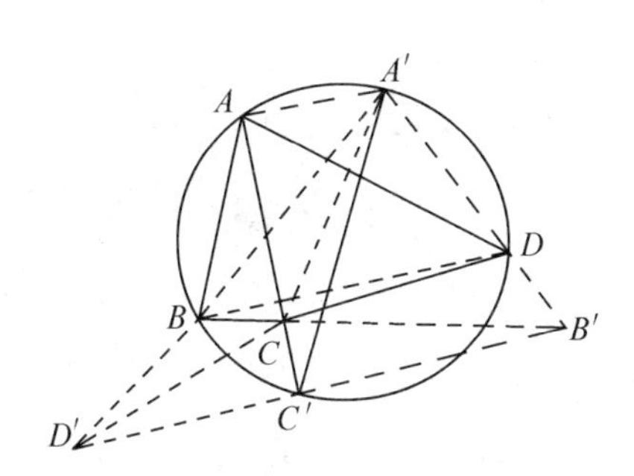


图 6－19

$$AC \cdot BD \leqslant AD \cdot BC + AB \cdot CD,$$

但 $AD \cdot BC$ 和 $AB \cdot CD$ 都不能直接变成面积，所以我们要设法让 $AB$ 与 $CD$ 相连，$AD$ 与 $BC$ 相连。

延长 $AC$ 交外接圆于 $C'$。当 $C$ 点在圆周上时，$C$ 与 $C'$重合，作直径 $C'A'$。连结 $A'A$、$A'B$、$A'D$，再过 $C'$作直线 $C'B' /\!/ A'A$，且 $C'B'$ 交 $A'D$ 于 $B'$，交 $A'B$ 于 $D'$。于是 $\angle BAD = \angle BA'D$，$\angle A'D'B' = \angle AA'B = \angle ADB$，故 $\triangle ABD$ 与 $\triangle A'B'D'$ 相似，因而

$$\frac{A'B'}{AB} = \frac{A'D'}{AD} = \frac{B'D'}{BD} = k > 0。 \qquad (6.4.5)$$

因 $A'C'$为直径且 $AA' /\!/ B'D'$，故 $AC' \perp B'D'$。于是有

$$\begin{aligned} AC' \cdot B'D' &= 2\triangle A'D'B' \\ &= 2(\triangle A'D'C + \triangle A'B'C + \triangle B'D'C) \\ &\leqslant BC \cdot A'D' + CD \cdot A'B' + CC' \cdot D'B', \end{aligned}$$

即

$$(AC' - CC') \cdot B'D' \leqslant BC \cdot A'D' + CD \cdot A'B'。$$

利用 $AC'-CC'=AC$ 及（6.4.5）式得

$$AC\cdot BD\leqslant BC\cdot AD+CD\cdot AB,$$

其中等号仅当 $BC\perp A'D'$ 且 $CD\perp A'B'$ 时成立，即 $C$ 与 $C'$ 重合时成立。

当 $A$、$B$、$C$、$D$ 顺次在一条直线上时，易验证等式成立。这时，我们可把直线看成是半径无穷大的圆。

题 5 本是当代著名数学家厄尔多斯在 1935 年提出的一个猜想：设 $P$ 是 $\triangle ABC$ 内或周界上任一点，$P$ 到 3 边距离分别为 $x$、$y$、$z$，则 $PA+PB+PC\geqslant 2(x+y+z)$。等式仅当 $\triangle ABC$ 为正三角形，且 $P$ 是 $\triangle ABC$ 的中心时才成立。

两年后，莫代尔给出了一个证明。后来，又有人给出了较简单的证明。我们这里介绍的证法可能是最简单的。

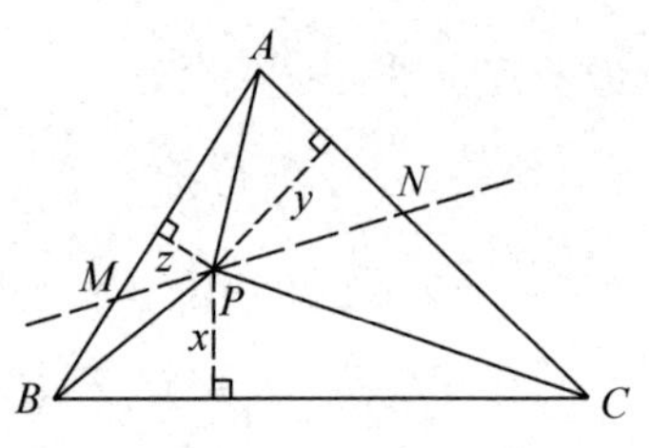

图 6－20

如图 6－20，过 $P$ 作直线交 $AB$ 于 $M$，交 $AC$ 于 $N$，使 $\angle AMN=\angle ACB$，于是 $\triangle AMN$ 与 $\triangle ACB$ 相似。

由 $\triangle AMN=\triangle AMP+\triangle ANP$，可得

$$AP\cdot MN\geqslant y\cdot AN+z\cdot AM。\qquad (6.4.6)$$

于是若以 $a$、$b$、$c$ 记 $\triangle ABC$ 的 3 条边，即

$$AP\geqslant y\cdot\frac{AN}{MN}+z\cdot\frac{AM}{MN}=y\cdot\frac{c}{a}+z\cdot\frac{b}{a}。\qquad (6.4.7)$$

同理有

$$BP \geqslant z \cdot \frac{a}{b} + x \cdot \frac{c}{b}, \tag{6.4.8}$$

$$CP \geqslant x \cdot \frac{b}{c} + y \cdot \frac{a}{c}。 \tag{6.4.9}$$

把（6.4.7）至（6.4.9）三式相加，得

$$\begin{aligned} & PA + PB + PC \\ \geqslant & \left(\frac{b}{c} + \frac{c}{b}\right)x + \left(\frac{a}{c} + \frac{c}{a}\right)y + \left(\frac{b}{a} + \frac{a}{b}\right)z \\ \geqslant & 2(x + y + z), \end{aligned}$$

这正是所要证的不等式，且等号仅当 $a = b = c$ 时成立。而在（6.4.6）中，等号仅当 $AP \perp MN$ 时成立。这时，$a = b = c$ 等价于 $AP \perp BC$，同理应有 $BP \perp AC$ 及 $CP \perp AB$。题 5 完全解决了。 □

剩下的题 3 与费马的“光行最速原理”有关。这个原理是：光在传播时，走的总是最节省时间的路线。

如图 6－21，一束光线从 $A$ 射到 $B$，在介质分界面 $l$ 上的一点 $C$，光线会发生折射。直线 $AC$、$BC$ 与 $l$ 所夹锐角分别为 $\theta_1$、$\theta_2$。光在两种介质中的速度分别为 $U_1$、$U_2$，按折射定律：

$$U_1 : U_2 = \cos\theta_1 : \cos\theta_2。$$

如果光线经过 $l$ 上另一点 $D$ 到达 $B$，用的时间是不是更多一点呢？

光由 $A$ 到 $C$，需时 $\frac{AC}{U_1}$；由 $C$ 到 $B$，需时 $\frac{BC}{U_2}$。按“光行最速原理”应有

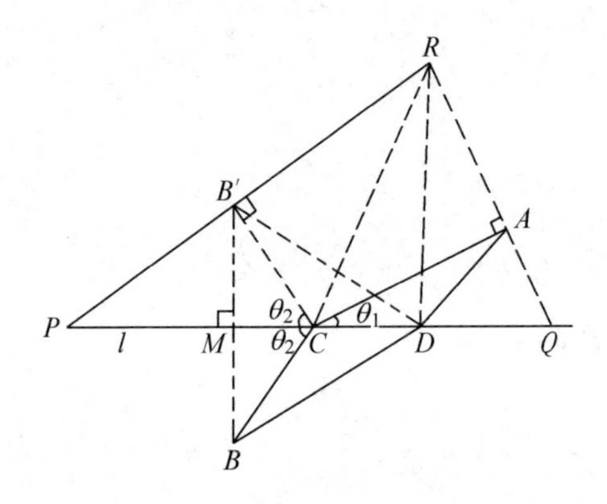


图 6-21

$$\frac{AC}{U_1}+\frac{BC}{U_2}<\frac{AD}{U_1}+\frac{BD}{U_2}。$$

因为 $U_1:U_2=\cos\theta_1:\cos\theta_2$，所以

$$\frac{AC}{\cos\theta_1}+\frac{BC}{\cos\theta_2}<\frac{AD}{\cos\theta_1}+\frac{BD}{\cos\theta_2}, \qquad (6.4.10)$$

这就是题 3 所要证的几何不等式。 □

一方面，从折射定律出发，由（6.4.10）式可知光在折射时走的是最省时间的路。反之，若承认了“光行最速原理”，由（6.4.10）即可推导出折射定律。

国内外曾有好几位著名的数学家认为[①]，用中学里的数学知识很难证明（6.4.10）式。但是后来发现，这个不等式竟有十几种初等

① 已故数学大师华罗庚在《1978 全国中学数学竞赛题解》前言中就提到，那年命题时想出这个题目，但因没找到初等解法而作罢。

证法呢!

如图 6－21，过 $B$ 向 $l$ 作垂线交 $l$ 于 $M$，延长 $BM$ 至 $B'$，使 $BM=B'M$，则 $B'C=BC$、$B'D=BD$。分别过 $A$、$B'$ 作 $CA$、$CB'$ 之垂线，二者交于 $R$。设 $RA$、$RB'$ 分别交 $l$ 于 $Q$、$P$。于是得到

$$\begin{aligned} B'C\cdot PR+AC\cdot RQ &=2\triangle PQR \\ &=2(\triangle DQR+\triangle DPR) \\ &\leqslant B'D\cdot PR+AD\cdot RQ, \end{aligned} \tag{6.4.11}$$

也就是

$$BC\cdot PR+AC\cdot RQ\leqslant BD\cdot PR+AD\cdot RQ。 \tag{6.4.12}$$

由正弦定理

$$PR:RQ=\sin\angle Q:\sin\angle P=\cos\theta_1:\cos\theta_2,$$

代入（6.4.12）式得

$$BC\cos\theta_1+AC\cos\theta_2\leqslant BD\cos\theta_1+AD\cos\theta_2。$$

两端都用 $\cos\theta_1\cdot\cos\theta_2$ 除，即得所要证明的不等式。从（6.4.11）式可见，等式当且仅当 $B'D\perp PR$ 且 $AD\perp RQ$ 时成立，这只在 $C$ 与 $D$ 重合时才有可能。 □

至此，我们已经把 5 颗晶莹闪光的珍珠用“面积法”这条金线串起来了。

# 6.5 余面积与勾股差

前面我们引进了一个十分有用的三角形面积公式 $\triangle ABC = \frac{1}{2}ac\sin B$，对它适当地加以变化，看看有没有新收获。

把公式中的 $\sin B$ 换成 $\cos B$，会得到另一个与 $\triangle ABC$ 有关的量 $\frac{1}{2}ac\cos B$。为了方便，给它取个名字，叫做 $\triangle ABC$ 关于 $\angle B$ 的"余面积"，记作 $\widetilde{\triangle} ABC = \frac{1}{2}ac\cos B$。

我们马上可以看出，三角形的面积跟余面积有很大的不同。对面积而言，有

$$\triangle ABC = \frac{1}{2}bc\sin A = \frac{1}{2}ac\sin B = \frac{1}{2}ab\sin C,$$

不论用哪个角的正弦来算，结果都一样。对余面积就不一样了，3 个量

$$\widetilde{\triangle} ABC = \frac{1}{2}ac\cos B,$$

$$\widetilde{\triangle} CAB = \frac{1}{2}bc\cos A,$$

$$\widetilde{\triangle} BCA = \frac{1}{2}ba\cos C,$$

一般说来是两两不同的。也就是说，三角形的面积只有一个，而余

面积却有 3 个。

从几何图形上看，余面积又是怎么回事呢？如图6－22，在$\triangle ABC$（当$\angle ABC \leqslant 90°$时）的一边 $BC$ 上，画个正方形 $BCPQ$，则

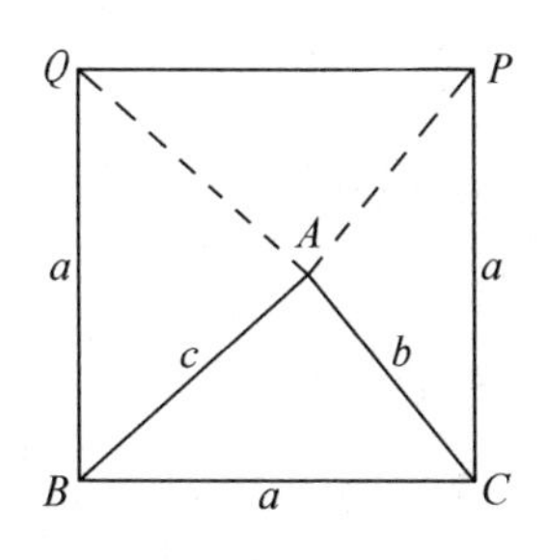


图 6－22

$$\triangle ABQ = \frac{1}{2}ac\sin\angle ABQ = \frac{1}{2}ac\cos\angle ABC = \widetilde{\triangle}ABC,$$

$$\triangle ACP = \frac{1}{2}ab\sin\angle ACP = \frac{1}{2}ab\cos\angle ACB = \widetilde{\triangle}ACB。$$

因为$\triangle ABQ$与$\triangle ACP$之和恰好是正方形 $BCPQ$ 面积的一半，所以当$\angle ABC$、$\angle ACB$ 都不是钝角时有

$$\widetilde{\triangle}ABC + \widetilde{\triangle}ACB = \frac{a^2}{2}。\qquad (1)$$

如果$\angle ABC$、$\angle ACB$ 中有一个为钝角，该式也成立。如图 6－23，有

$$\triangle ABQ = \frac{1}{2}ac\sin\angle ABQ$$

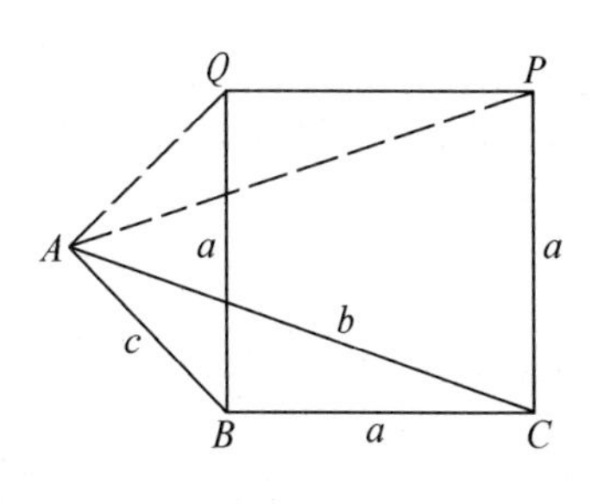


图 6－23

$$= -\frac{1}{2}ac\cos\angle ABC$$

$$= -\widetilde{\triangle}ABC,$$

$$\triangle ACP = \frac{1}{2}ab\sin\angle ACP$$

$$= \frac{1}{2}ab\cos\angle ACB$$

$$= \widetilde{\triangle}ACB。$$

由于$\triangle ACP - \triangle ABQ$等于正方形$BCPQ$面积的一半，则

$$\widetilde{\triangle}ACB - (-\widetilde{\triangle}ABC) = \frac{a^2}{2},$$

此即（1）式。

按定义，$\widetilde{\triangle}ACB$与$\widetilde{\triangle}BCA$是一样的，所以可以简单地记作$\widetilde{\triangle}_c$，即

$$\widetilde{\triangle}_a = \widetilde{\triangle}BAC = \widetilde{\triangle}CAB,$$

$$\widetilde{\triangle}_b = \widetilde{\triangle}ABC = \widetilde{\triangle}CBA,$$

$$\widetilde{\triangle}_c = \widetilde{\triangle}ACB = \widetilde{\triangle}BCA。$$

这样，（1）式可以简单地表示为

$$\widetilde{\triangle}_b + \widetilde{\triangle}_c = \frac{a^2}{2},$$

改换字母又得

$$\widetilde{\triangle}_a + \widetilde{\triangle}_b = \frac{c^2}{2},$$

$$\widetilde{\triangle}_a+\widetilde{\triangle}_c=\frac{b^2}{2}。$$

三式联立，解得

$$\widetilde{\triangle}_a=\frac{1}{4}(b^2+c^2-a^2),$$

$$\widetilde{\triangle}_b=\frac{1}{4}(a^2+c^2-b^2),$$

$$\widetilde{\triangle}_c=\frac{1}{4}(a^2+b^2-c^2)。$$

我们把 $b^2+c^2-a^2$ 叫做$\triangle ABC$ 中关于$\angle A$ 的勾股差，则上面的结果可叙述为：

**余面积公式** 在任意三角形 $ABC$ 中，关于某角的余面积，等于该三角形中关于此角的勾股差的$\frac{1}{4}$。

按余面积的定义可知，余面积公式其实是余弦定理的另一种形式。

基于余面积及勾股差的概念，我们可以把勾股定理的古希腊证法推广为余弦定理的一个证法。一般中学几何课本上都有勾股定理的古希腊证法。如图 6－24，在直角$\triangle ABC$ 的 3 条边上各作一正方形，有

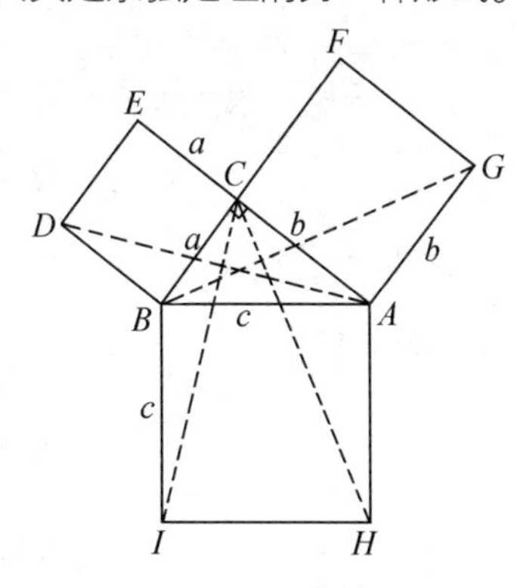

图 6－24

$$\triangle CIB=\triangle DAB=\frac{a^2}{2},$$

$$\triangle CHA = \triangle GBA = \frac{b^2}{2},$$

又有

$$\triangle CIB + \triangle CHA = \frac{c^2}{2},$$

这就证明了勾股定理。

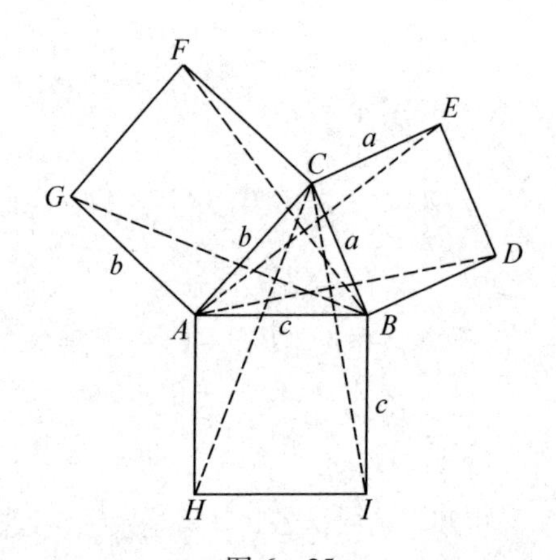


图 6 - 25

现在考虑一般的情形，如图 6 - 25，三角形 $ABC$ 是任意三角形(图中画出的是一个锐角三角形。关于钝角三角形的情况，证法类似，只要注意到某些正号改为负号，以及钝角余弦为负的规律即可)。这时有

$$\triangle CAH = \triangle GAB = \widetilde{\triangle}_a\ ,$$

$$\triangle CBI = \triangle DBA = \widetilde{\triangle}_b\ ,$$

$$\triangle BCF = \triangle ECA = \widetilde{\triangle}_c\ 。$$

以及

$$\widetilde{\triangle}_b+\widetilde{\triangle}_c=\triangle DBA+\triangle ECA=\frac{a^2}{2},$$

$$\widetilde{\triangle}_a+\widetilde{\triangle}_c=\triangle GAB+\triangle BCF=\frac{b^2}{2},$$

$$\widetilde{\triangle}_a+\widetilde{\triangle}_b=\triangle CAH+\triangle CBI=\frac{c^2}{2}。$$

由此解出

$$\frac{1}{4}(b^2+c^2-a^2)=\widetilde{\triangle}_a=\frac{1}{2}bc\cos A,$$

$$\frac{1}{4}(a^2+c^2-b^2)=\widetilde{\triangle}_b=\frac{1}{2}ac\cos B,$$

$$\frac{1}{4}(a^2+b^2-c^2)=\widetilde{\triangle}_c=\frac{1}{2}ab\cos C。$$

这就证明了以勾股定理为特款的余弦定理。

以下用记号 $P_{ABC}$ 记 $\triangle ABC$ 关于 $\angle B$ 的勾股差。这里包括了 $\triangle ABC$ 退化的情形。也就是说，我们有

**关于三点勾股差的定义** 对任意 3 点 $A$、$B$、$C$，勾股差 $P_{ABC}$ 定义为:

$$P_{ABC}=AB^2+BC^2-AC^2。$$

由定义及前面推出的余面积公式，可得到

**勾股差的基本性质**

(1)(勾股定理) 勾股差 $P_{ABC}=0$ 的充分必要条件是: 两点 $A$、$B$

重合，或 $B$、$C$ 重合，或 $\angle ABC$ 为直角。

（2）$P_{ABC}=P_{CBA}$。

（3）$P_{ABC}+P_{ACB}=2BC^2$。

（4）（余弦定理）$P_{ABC}=2AB\cdot BC\cdot\cos\angle ABC$。

（5）（勾股差定理）若 $\angle ABC=\angle XYZ$，则由（4）可得

$$\frac{P_{ABC}}{AB\cdot BC}=\frac{P_{XYZ}}{XY\cdot YZ}。$$

特别地，当 $P_{ABC}\neq 0$ 时有

$$\frac{P_{XYZ}}{P_{ABC}}=\frac{XY\cdot YZ}{AB\cdot BC}。$$

在解几何题时，如涉及垂直、角度大小、线段长短等图形性质，勾股差是一个有用的工具。下面就来举两个例子。

**[例 6.5.1]** 已知 $\triangle ABC$ 的 3 边 $a$、$b$、$c$，求此三角形面积。

**解**：设此三角形面积为 $\triangle$，则由面积公式及勾股差的性质可得

$$\sin A=\frac{2\triangle}{bc},\ \cos A=\frac{P_{BAC}}{2bc}。$$

两式平方相加，由 $\sin^2A+\cos^2A=1$ 得

$$\frac{4\triangle^2}{b^2c^2}+\frac{P_{BAC}^2}{4b^2c^2}=1。$$

所以
$$\triangle^2=\frac{1}{16}(4b^2c^2-P_{BAC}^2),$$

也就是

$$\triangle^2 = \frac{1}{16}\left[4b^2c^2 - (b^2 + c^2 - a^2)^2\right]。$$

这正是秦九韶的三斜求积公式，即海伦公式的另一种形式。

**[例 6.5.2]** 在 $\triangle ABC$ 的一边 $BC$ 上取一点 $P$，使 $BP = \lambda BC$，求 $AP$ 的长度。

**解**：如图 6－26，$\angle ABP = \angle ABC$，用勾股差定理可得

$$\frac{P_{ABP}}{P_{ABC}} = \frac{AB \cdot BP}{AB \cdot BC} = \lambda,$$

也就是

$$c^2 + \lambda^2 a^2 - AP^2 = \lambda(c^2 + a^2 - b^2),$$

所以

$$AP^2 = (\lambda^2 - \lambda)a^2 + \lambda b^2 + (1 - \lambda)c^2。$$

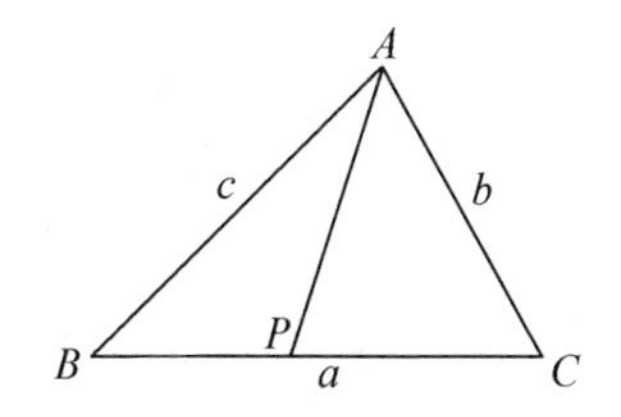


图 6－26

勾股差的概念来自余面积，而余面积概念又来自三角形面积公式。但勾股差的性质与面积性质有一个大的差别：一个三角形只有一个面积，却有 3 个勾股差！这就给勾股差的运用带来不便。有趣的是，如果引入四点勾股差，就可以使它和面积有更多的相似之处。

**四点勾股差的定义** 对任意 4 点 $A$、$B$、$C$、$D$，四点勾股差 $P_{ABCD}$ 定义为：

$$P_{ABCD} = AB^2 - BC^2 + CD^2 - DA^2。$$

利用余弦定理容易说明此定义的几何意义。设 $AC$、$BD$ 交于 $O$，设 $\angle AOB = \theta$，则

$$P_{ABCD} = 2AC \cdot BD\cos\theta。$$

由此定义立刻会得到有关四点勾股差的一些基本性质：

（6）四点勾股差与四边形带号面积的类似性之一

$$P_{ABCD} = -P_{BCDA} = P_{CDAB} = -P_{DABC}$$
$$= P_{DCBA} = -P_{ADCB} = P_{BADC} = -P_{CBAD}。$$

（7）四点勾股差与四边形带号面积的类似性之二

$$P_{ABCD} = P_{ABD} - P_{CBD} = P_{ACD} - P_{ACB}。$$

（8）四点勾股差与四边形带号面积的类似性之三

$$P_{AABC} = -P_{BAC}，P_{ABBC} = P_{ABC}，$$
$$P_{ABCC} = -P_{ACB}，P_{CABC} = P_{ACB}。$$

（9）（一般勾股定理）$P_{ABCD} = 0$ 的充分必要条件是：两点 $A$、$C$ 重合，或 $B$、$D$ 重合，或 $AC \perp BD$。

**性质(9)的证明**

先证充分性　若 $A$ 与 $C$ 重合，或 $B$ 与 $D$ 重合，显然有 $P_{ABCD} = 0$。这只要按定义计算即可。当 $AC \perp BD$ 时，如图 6－27，设直线 $AC$、$BD$ 交于 $O$，则由勾股定理得：

$$AB^2 = AO^2 + BO^2，$$
$$BC^2 = BO^2 + CO^2，$$
$$CD^2 = CO^2 + DO^2，$$
$$DA^2 = DO^2 + AO^2。$$

于是得

$$P_{ABCD} = AB^2 - BC^2 + CD^2 - DA^2 = 0，$$

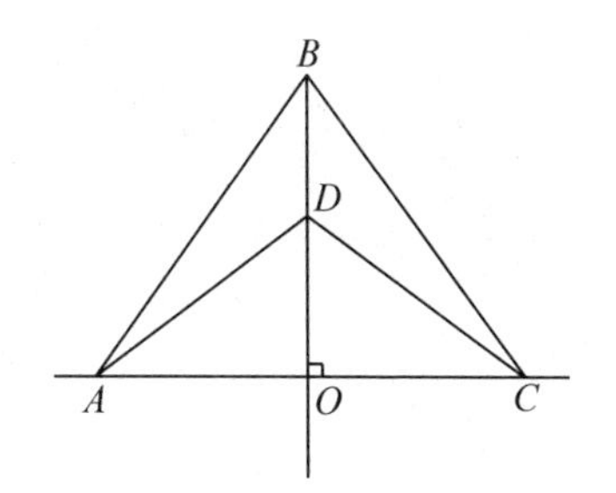


图 6－27

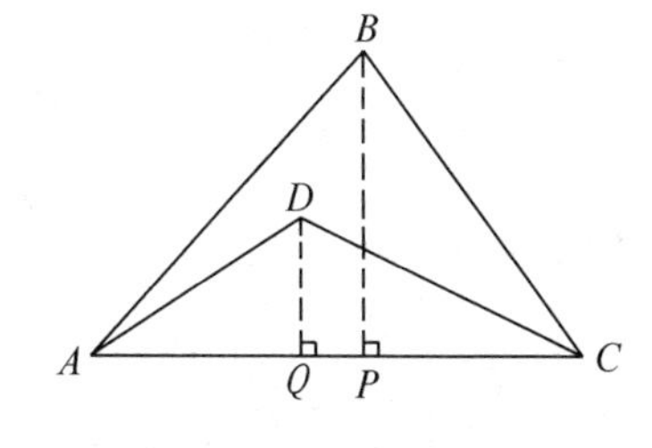


图 6－28

充分性得证。

再证必要性　不妨设 $A$、$C$ 不重合，分别自 $B$、$D$ 向 $AC$ 引垂线，垂足为 $P$、$Q$（如图 6－28）。于是，由勾股定理可得

$$\begin{aligned}AP^2-PC^2&=(AB^2-PB^2)-(BC^2-PB^2)\\&=AB^2-BC^2,\end{aligned}$$

$$\begin{aligned}CQ^2-AQ^2&=(CD^2-DQ^2)-(AD^2-DQ^2)\\&=CD^2-DA^2,\end{aligned}$$

$$\begin{aligned}\therefore\quad P_{ABCD}&=(AB^2-BC^2)+(CD^2-DA^2)\\&=(AP^2-PC^2)+(CQ^2-QA^2)\\&=(AP-PC)(AP+PC)\\&\quad+(CQ-QA)(CQ+QA)\\&=(AP-PC)\cdot AC+(CQ-QA)\cdot CA\\&=AC\cdot(AP-PC-AQ+QC)\\&=2AC\cdot QP。\end{aligned}$$

由此可见，当 $P_{ABCD}=0$ 时，或者是$AC=0$，或者是$QP=0$。而当$QP=0$

时，或者 $B$、$D$ 重合，或者 $BD \perp AC$，必要性亦获证。

由性质(9)的证明过程，得到四点勾股差鲜明的几何意义：

(10)（勾股差与投影的关系）当 $A$、$C$ 两点不重合时，分别以 $P$、$Q$ 记 $B$、$D$ 在直线 $AC$ 上的投影，则

$$P_{ABCD}=2AC\cdot QP。$$

由此出发，又可得到关于四点勾股差的一些有用的性质：

(11) 勾股差的可分性

$$P_{ABCD}=P_{ABCE}+P_{AECD}。$$

**证明：** 分别以 $P$、$Q$、$R$ 表示 $B$、$E$、$D$ 在 $AC$ 上的投影，则由(10)得

$$\begin{aligned}P_{ABCE}+P_{AECD}&=2AC\cdot QP+2AC\cdot RQ\\&=2AC\cdot RP=P_{ABCD}。\end{aligned}$$

□

下面的性质，十分有助于勾股差的计算：

(12) 若 $BX\perp AC$，$DY\perp AC$，则

$$P_{ABCD}=P_{AXCY}。$$

**证明：** 这是因为 $B$、$X$ 两点在 $AC$ 上的投影相同，$D$、$Y$ 两点在 $AC$ 的投影也相同。

下面举两个例子来说明四点勾股差的应用。

**[例 6.5.3]** 如图 6－29，设 $\triangle ABC$ 的两高 $AD$ 与 $CE$ 交于 $H$，求证：$BH\perp AC$。

**证明：** 只要证明 $P_{ABCH}=0$ 就可以了。由勾股差性质

$$P_{ABCH}=P_{ABH}-P_{CBH}$$
$$=P_{ABBH}-P_{CBBH}$$
$$=P_{ABBC}-P_{CBBA}$$
$$=0,$$

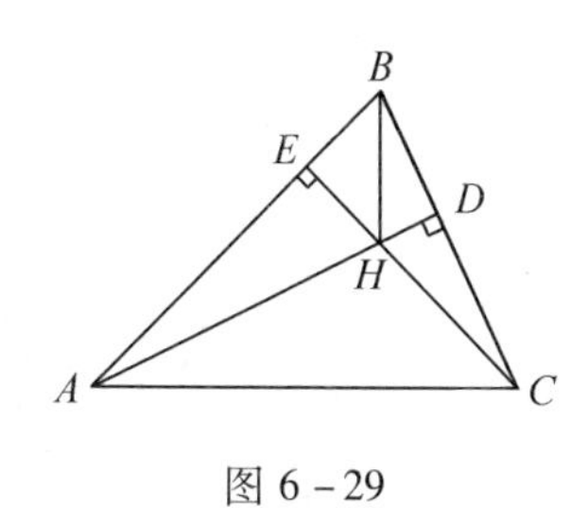

图 6－29

命题得证。

[**例 6.5.4**]　如图 6－30，$ABCD$ 和 $APQR$ 是两个相似的矩形，求证：$BP\perp RD$。

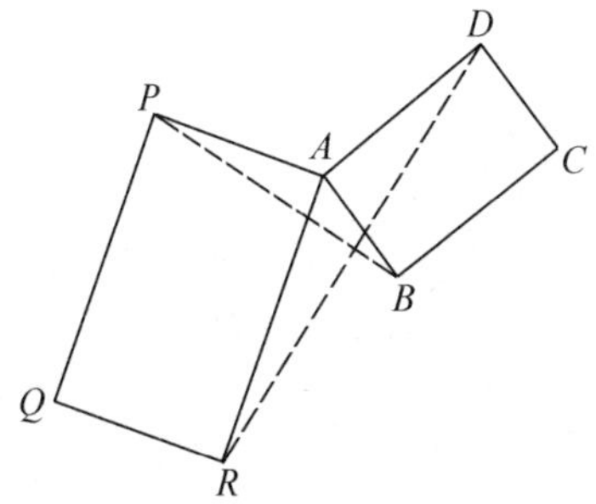

图 6－30

**证明：**只要证明 $P_{BDPR}=0$ 即可。由勾股差的可分性得

$$P_{BDPR}=P_{BDPA}+P_{BAPR}。$$

又因 $BA\perp AD$，$PA\perp AR$，得

$$P_{BDPA}=P_{ADPA},\quad P_{BAPR}=P_{BAAR}。$$

所以　$P_{BDPR}=P_{ADPA}+P_{BAAR}=P_{PAD}+P_{BAR}$

$$=2AD\cdot AP\cos\angle DAP+2AB\cdot AR\cos\angle BAR$$
$$=2(AD\cdot AP-AB\cdot AR)\cos\angle DAP=0。$$

最后一步用到 $\angle DAP$ 与 $\angle BAR$ 互补，以及两个矩形的相似性。

# 七、微积分大门的高门槛

我们用了大量篇幅谈中学的几何教学，这不奇怪。因为：

（1）目前数学教育学的主要对象还是初等数学的教学。高等数学教学法的研究还处于开创阶段。

（2）正如苏联数学家 A. A. 斯托利亚尔所说："几何教学问题仍然是中等数学教育现代化最复杂的问题之一。它引起了广泛的、世界性的争论，并且出现了许多方案。"

但是，所谓"初等数学"的概念也在变化。

传统的初等数学，包括算术、初等几何、代数和三角，基本上是 17 世纪以前形成的。现在，很多国家已顺应科学技术飞速发展的形势，把极限论初步、微积分初步、概率论、集合论、数理逻辑这些本不属于传统初等数学的内容，放到中学教学大纲里来，形成了"现代的初等数学"。

现代初等数学教学中，最重要和最困难的是极限理论的引入。下面我们要探索的就是这个问题。

## 7.1 又一份珍贵遗产——微积分

恩格斯说过：在一切理论成就中，未必有什么像 17 世纪下半叶微积分的发明那样，被看做是人类精神的最高胜利了。

确实，微积分学是前人留给我们的科学文化遗产中最珍贵的瑰宝之一。许多用算术、几何与代数方法无法解决的数学问题，都被微积分摧枯拉朽般地征服了。

当牛顿创立微积分时，这一崭新的强有力的数学方法的基础是极不完善的。微积分方法的灵魂是“无穷小”。那么，牛顿是怎样把“无穷小”作为道具，进行精彩表演的呢？

牛顿是从研究变速运动物体的速度计算问题来引入无穷小的。

比方说，一个小球从空中下落，越落越快，它的速度时时在变化。经过 $t$ 秒钟，它下落的距离是

$$S(t)=\frac{1}{2}gt^2 \quad (g\approx 9.8\text{m/s}^2)。$$

这个式子叫做小球的运动方程式。知道了运动方程式，如何计算小球在每个时刻 $t$ 的运动速度呢？

从时刻 $t$ 到时刻 $t+h$，小球走过的距离是容易算出来的，就是

$$S(t+h)-S(t)=\frac{1}{2}g(t+h)^2-\frac{1}{2}gt^2。$$

把这段距离用这段时间 $h$ 去除，便算出了在时间区间 $[t, t+h]$ 内小

球的平均速度$\overline{V}_h$，

$$\overline{V}_h = \frac{S(t+h)-S(t)}{h} = \frac{g}{2}\left[\frac{(t+h)^2-t^2}{h}\right]$$

$$= \frac{g}{2}\cdot\frac{2th+h^2}{h} = \frac{g}{2}(2t+h)。 \quad (7.1.1)$$

然后让 $h=0$，就得到了小球在时刻 $t$ 的瞬时速度 $v(t)=gt$。

推理进行得似乎很顺利，但是我们细心检查一下，就会发现一个逻辑上的漏洞：

在推导（7.1.1）式时，要用 $h$ 做分母，所以必须假定$h\neq 0$。但为了得到时刻 $t$ 的瞬时速度，又必须让 $h=0$。那我们怎么知道（7.1.1）式在 $h=0$ 时成不成立呢？

牛顿当然看到了这个逻辑上的漏洞，于是他请“无穷小”来帮忙。他用记号“$o$”代替 $h$，这个“$o$”就是无穷小，于是（7.1.1）式被改写成：

$$\mu(t) = \frac{S(t+o)-S(t)}{o}$$

$$= \frac{g}{2}\cdot\frac{2t\cdot o+(o)^2}{o}$$

$$= \frac{g}{2}(2t+o) = gt。 \quad (7.1.2)$$

牛顿说，“$o$”很小很小，比任何正数都小，但它不是0。因为不是0，所以可以做分母，来完成（7.1.2）前一部分的推导；又因为它比任何正数都小，所以它可以忽略不计，这又完成了（7.1.2）后一部分的推导。

用这种办法，牛顿和他同时代的数学家们取得了辉煌的成就，解决了大量有实际意义的问题。

但是，对“无穷小”的攻击与嘲讽，依然同暴风雨般向初生的微积分袭来。人们问：这个“$o$”究竟是什么？它到底是不是0？如果是0，就不能当分母；如果不是0，就不能任意略去！其中攻击得最激烈的，要算18世纪英国的贝克莱主教了。他发表了一篇题为《分析学者——致一个不信神的数学家》的长文，尖锐地指出“无穷小是什么”这个切中要害的问题。他尖酸刻薄地把无穷小的比值$\frac{dy}{dx}$叫做“消失了的量的鬼魂”，并且质问数学家：“既然相信这些量的鬼魂，又有什么理由不相信上帝呢?”

此后两百多年，数学家们都无法在“无穷小”这个问题上自圆其说，但他们坚信微积分方法的正确性。因为用这种方法能解决大量的问题，并且总能得到正确的结论。于是他们在不稳固的逻辑基础上大兴土木，盖起了崭新的数学宫殿。

但基础毕竟是要巩固的。直到19世纪，经过一批数学大师——柯西、狄利克雷、波尔查诺、阿贝尔、魏尔斯特拉斯、戴德金、康托尔等人的努力，实数理论终于建立起来了。以此为基础，极限理论也终于建立起来，这为微积分大厦提供了坚实的基础。

从此，不但数学家要学习微积分，理工科学生要学习微积分，就连许多文科生甚至中学生，也必须学点微积分了。

没有微积分的基础知识，我们对任何一门科技专业都无法问津。

微积分，这又是前人留下的一份珍贵遗产，而且是我们必须继承的遗产。

继承这份遗产，就得先学习极限理论，教学中的困难也就同时出现了。

如何处理这个难点，目前大体上有3种办法：

（1）干脆不讲严格的极限理论，只要求学生会求导数，算积分。

（2）不惜花费学时，让学生学好严格的极限理论，打好数学基础。

（3）先让学生直观地掌握极限概念及运算法则，以及求微分和积分的方法，后面再补上极限理论这一课。

这里我想提出第四种方案：改造极限理论的表达方法，使它变得简单易学，又丝毫无损它的严格性。

## 7.2 极限理论与“ε-语言”

19世纪的数学大师们，是怎样用“极限”概念巩固微积分的逻辑基础的呢？

我们再来回顾一下引起非议的（7.1.1）与（7.1.2）吧。在（7.1.1）中，我们不让 $h$ 直截了当地等于0。这样，无论它多么小，总有资格当分母。所以，对每个 $h\neq0$，$\overline{V}_h$ 总是无可非议的。

当 $h$ 越来越接近 0 时，$\overline{V}_h$ 就越来越接近一个数 $gt$。于是，“在 $h$ 趋于 0 的过程中，$\overline{V}_h$ 以 $gt$ 为极限”。用记号表示，就是

$$\lim_{h\to0}\overline{V}_h = gt。$$

这就避开了 $h=0$ 的难点。

但这只是极限过程的直观描述，究竟什么叫做“越来越接近”，在数学上是含糊不清的。数学家无法用这种不严格的描述，来进行关于极限的严格逻辑推理。

极限概念的严格定义，应归功于 19 世纪的法国数学家柯西和德国数学家魏尔斯特拉斯。他们提出了一套极限概念：

**函数极限的概念** 设函数 $F(x)$ 在 $x_0$ 附近有定义（在 $x_0$ 这一点可能没有定义），如果存在一个数 $a$，使得对任给的正数 $\varepsilon>0$，总有 $\delta>0$，使 $0<|x-x_0|<\delta$ 时，总有

$$|F(x)-a|<\varepsilon。$$

我们就说：当 $x$ 趋于 $x_0$ 时，$F(x)$ 趋于 $a$，记作

$$\lim_{x\to x_0}F(x) = a。$$

也就是说，当 $x$ 趋于 $x_0$ 时 $F(x)$ 以 $a$ 为极限。

**数列极限的概念** 设 $a_1$，$a_2$，$a_3$，…，$a_n$，…是无穷数列。如果存在一个数 $a$，使得对任给的正数 $\varepsilon>0$，总有 $N>0$，使 $n\geqslant N$ 时总有

$$|a_n-a|<\varepsilon。$$

就说：当 $n$ 趋于正无穷时，数列 $a_n$ 趋于 $a$，或说数列 $a_n$ 以 $a$ 为极限。记作

$$\lim_{n\to+\infty} a_n = a,$$

或 $$a_n \to a \quad (n \to +\infty)。$$

在这些定义中，用到了"ε"这个希腊字母，所以叫做"ε－语言"。用"ε－语言"讲述极限概念，可以表述得十分严格。靠这个小小的"ε－"，就可以说清什么是无穷小，什么是极限。

但是，用"ε－语言"定义极限，逻辑结构显得相当复杂。如果把数列极限的概念用数理逻辑的符号表示，就是

"$\lim_{n\to+\infty} a_n = a$" $\overset{df}{=\!=}$

"$(\exists a)(\forall \varepsilon > 0)(\exists N > 0)(\forall n \geqslant N)(|a_n - a| < \varepsilon)$"①

这里包含了4个逻辑层次。这是学生们从小学到高中从来没有遇到过的逻辑结构如此复杂的定义！

一百多年来，"ε－语言"始终占据着微积分的课堂。要真正掌握微积分的原理，就不得不过"ε－语言"这一关。但这一关，不仅使一般理工科学生望而生畏，就是数学专业，也把它当做教学上的重点与难点。极限的"ε－语言"，既是打开微积分宝库的钥匙，又是阻拦人们获取宝库珍宝的关卡！美国M. 斯皮瓦克在其所编的有名

① "$\overset{df}{=\!=}$"读作"定义为"；"∃"读作"存在"；"∀"读作"任意的"。

的《微积分》教材中甚至无可奈何地说:“像背一首诗那样把它背下来!这样做,至少比把它说错来得强。”

能不能把极限的基本理论讲得更容易接受一些,更直观通俗一些呢?

科普工作者为此付出过努力,然而当摒弃了“ε-语言”之后,由于追求通俗易懂,往往也就失去了数学的严格性。这样,许多重要的定理就无法证明。没有证明,知其然而不知其所以然,数学几乎就不再是数学了。正如G. 波利亚谈到工科学生的微积分教学时所说:“他们没有受过弄懂‘ε-’证明的训练……教给他们的微积分规则就像是从天上掉下来的、硬塞给他们的教条……”

人们似乎已形成了一种认识:不使用“ε-语言”,就谈不上严格地讲授微积分。

实际情形是否真的如此呢?

也许,微积分中的“ε-语言”,会像方块字、十进制、欧几里得的几何体系一样,并非不可代替。

让我们试试看,能不能用更加简单明快的方法,同样严格地讲述无穷小和极限概念。

## 7.3 不用“ε-语言”讲数列极限

数列,中学里是要讲的,并不难懂。

**无穷数列** 无非是排好了的一串数：$a_1$，$a_2$，…，$a_n$，…对每个自然数 $n$，有一个实数 $a_n$ 与它对应，$a_n$ 叫做数列的第 $n$ 项。

**有界数列与无界数列** 也不难理解。如果有一个正数 $A$ 比每个 $|a_n|$ 都大，就说数列 $\{a_n\}$ 有界。否则，就称之为无界数列。例如，数列

$$1,0,1,0,1,0,1,\cdots$$

$$\sin 1,\sin 2,\sin 3,\cdots,\sin n,\cdots$$

$$1,\frac{1}{2},\frac{1}{3},\frac{1}{4},\cdots$$

都是有界数列。而

$$1,2,3,\cdots,n,\cdots$$

$$\sqrt{1},0,\sqrt{2},0,\sqrt{3},0,\cdots,\sqrt{n},0,\cdots$$

$$-1,1,-2,2,-3,3,-4,4,\cdots,-n,n,\cdots$$

都是无界的。

**不减数列** 就是满足条件

$$a_1\leqslant a_2\leqslant\cdots\leqslant a_n\leqslant a_{n+1}\leqslant\cdots$$

的数列。直白地说，就是一个比一个大，或至少不减少的数列。例如 $a_n=n$，$a_n=n^2$，$a_n=1-\frac{1}{2n}$等都是不减数列。

数列、无界数列、不减数列，这些是现成的东西，传统教材里都会讲到。用这些现成的东西引入无穷大、无穷小和极限概念，比另起炉灶要方便多了。

**定义 7.3.1** 设 $\{a_n\}$ 是无穷数列。如果有一个无界不减的数列 $D_n$，使对一切 $n$ 有

$$|a_n| \geqslant D_n,$$

则称 $\{a_n\}$ 是无穷大列。记作

$$\lim_{n \to +\infty} a_n = \infty,$$

或
$$a_n \to \infty \ (n \to +\infty)。$$

这个定义很有道理也很好理解。$D_n$ 不减而无界，自然算得上是无穷大了。而 $|a_n|$ 并不比 $D_n$ 小，岂不应当算是无穷大吗？

无穷大的定义，反过来就是无穷小。

**定义 7.3.2** 设 $\{a_n\}$ 是无穷数列。如果有一个无界不减的恒正数列 $D_n$，使 $|a_n| \leqslant \frac{1}{D_n}$，则称 $\{a_n\}$ 为无穷小列。

有了无穷小列的概念，引入数列极限概念也不困难了。

**定义 7.3.3** 设 $\{a_n\}$ 是无穷数列。如果有一个实数 $a$ 和一个无穷小列 $\{\alpha_n\}$，使

$$a_n = a + \alpha_n,$$

则称数列 $\{a_n\}$ 以 $a$ 为极限。记作

$$\lim_{n \to +\infty} a_n = a,$$

或

$$a_n \to a \ (n \to +\infty)。$$

按定义，无穷小列就是以 0 为极限的数列。而 $\{a_n - a\}$ 是无穷小

列时，则说 $a_n$ 以 $a$ 为极限。

这样，我们就利用比较直观易懂的概念，给极限理论打下了坚实的基础。

用“$\varepsilon$ - 语言”，不仅能够引入极限概念，还能证明与极限有关的一系列基本定理，直接计算一些具体的极限。我们用“递增无界数列比较法”引入无穷大、无穷小和极限概念，是否也能在证明定理、计算极限时具有同样的效力呢?

实践证明确实有效，而且比用“$\varepsilon$ - 语言”还要简便！让我们用几个例题对比一下。

**[例 7.3.1]**　求证数列$\left\{\frac{(-1)^n}{n}\right\}$是无穷小列。

**证明：**（1）用“$\varepsilon$ - 语言”的证法。任给 $\varepsilon>0$，取 $N=\frac{1}{\varepsilon}+1$，则当 $n\geqslant N$ 时，$\left|\frac{(-1)^n}{n}\right|=\frac{1}{n}\leqslant\frac{1}{N}<\varepsilon$。按定义，可知数列$\left\{\frac{(-1)^n}{n}\right\}$以0 为极限。

（2）用新定义的证法。$\{n\}$ 是无界不减数列而$\left|\frac{(-1)^n}{n}\right|\leqslant\frac{1}{n}$，按定义$\left\{\frac{(-1)^n}{n}\right\}$为无穷小列。

**[例 7.3.2]**　求证数列 $\{\sqrt[n]{n}\}$ 以 1 为极限。

**证明：**（1）用“$\varepsilon$ - 语言”的证法。因 $n\geqslant1$，故$\sqrt[n]{n}\geqslant1$，令 $a_n=\sqrt[n]{n}-1$，则 $a_n\geqslant0$。于是

$$\begin{aligned} n &= (1+a_n)^n \\ &= 1 + na_n + \frac{n(n-1)}{2}a_n^2 + \cdots \\ &> \frac{n(n-1)}{2}a_n^2。 \end{aligned} \tag{7.3.1}$$

由于 $n>1$ 时 $a_n^2 < \frac{2}{n-1}$，故 $0 < a_n < \sqrt{\frac{2}{n-1}}$。对任给的 $\varepsilon > 0$，取 $N > 1 + \frac{2}{\varepsilon^2}$，则当 $n \geqslant N$ 时有

$$|\sqrt[n]{n} - 1| = a_n < \sqrt{\frac{2}{N-1}} \leqslant \varepsilon。$$

按定义知 $\lim\limits_{n\to+\infty}\sqrt[n]{n} = 1$。

（2）用新定义的证法。要证 $\lim\limits_{n\to+\infty}\sqrt[n]{n} = 1$，即证明 $a_n = \sqrt[n]{n} - 1$ 是无穷小列。仍用（7.3.1）式

$$n = (1+a_n)^n > \frac{n(n-1)}{2}a_n^2,$$

当 $n > 1$ 时，

$$|a_n| < \frac{1}{\sqrt{\frac{n-1}{2}}}。$$

由于 $\left\{\sqrt{\frac{n-1}{2}}\right\}$ 是无界不减列，故 $\{a_n\}$ 为无穷小列。 □

明显看出，用不同定义证明时运算的过程是一致的。但在用新定义的证明中，省去了“任给 $\varepsilon > 0$，找 $N$”的步骤。

下面的例子是微积分的典型习题。有些微积分的参考资料以此题为例，说明不用“ε-语言”不可能严格地讲微积分。这里我们就用它来说明，不用“ε-语言”不但能严格地讲微积分，而且能更好地解题。

[**例 7.3.3**]　已知 $\{a_n\}$ 以 0 为极限，

$$S_n = \frac{a_1 + a_2 + \cdots + a_n}{n}。$$

求证：$S_n$ 也以 0 为极限。

**证明：**（1）用“ε-语言”的证法。任给 $\varepsilon > 0$，可以找到 $N_1$，当 $n \geqslant N_1$ 时，有 $|a_n| < \frac{\varepsilon}{2}$；又可以找到 $N_2$，使

$$\frac{|a_1 + a_2 + \cdots + a_{N_1}|}{N_2} < \frac{\varepsilon}{2}。$$

然后取 $N$ 为 $N_1$、$N_2$ 中之较大者，当 $n \geqslant N$ 时便有

$$\begin{aligned} |S_n| &= \frac{|a_1 + a_2 + \cdots + a_n|}{n} \\ &\leqslant \frac{|a_1 + \cdots + a_{N_1}| + |a_{N_1+1} + \cdots + a_n|}{n} \\ &\leqslant \frac{|a_1 + a_2 + \cdots + a_{N_1}|}{N_2} + \frac{(n - N_1)}{n} \cdot \frac{\varepsilon}{2} \\ &< \frac{\varepsilon}{2} + \frac{\varepsilon}{2} = \varepsilon。\end{aligned}$$

（2）用新定义的证法。因 $a_n \to 0$，故有无界不减数列 $D_n$ 使

$|a_n| < \frac{1}{D_n} = d_n$。于是取 $m = \sqrt{n}$，便有

$$|S_n| = \frac{|a_1 + a_2 + \cdots + a_n|}{n}$$
$$\leqslant \frac{d_1 + d_2 + \cdots + d_n}{n}$$
$$\leqslant \frac{d_1 + d_2 + \cdots + d_m}{n} + \frac{(n-m)d_{m+1}}{n}$$
$$\leqslant \frac{md_1}{n} + d_m \leqslant \frac{d_1}{\sqrt{n}} + d_m,$$

这证明了 $S_n \to 0$。 □

这种证法，比分两次找 $N$ 易于掌握。这是因为利用了数列 $d_n$ 的单调性，用代数运算代替了逻辑推理。

使用新定义，不仅可以直接演算一些习题，而且可以用来推导极限的性质。有兴趣的读者，不妨对照一下通常教程里用“$\varepsilon$ - 语言”所作的相应推导。

**命题 7.3.1** 设 $\{\alpha_n\}$、$\{\beta_n\}$ 为无穷小列，$\{L_n\}$ 为有界数列。则

(1) $\{L_n\alpha_n\}$ 为无穷小列；

(2) $\{\alpha_n + \beta_n\}$ 和 $\{\alpha_n - \beta_n\}$ 为无穷小列；

(3) $\{\alpha_n\beta_n\}$ 为无穷小列。

**证明：**（1）按假设有 $A$ 使 $|L_n|<A$，又有无界不减列 $D_n$ 使 $|\alpha_n|<\frac{1}{D_n}$，于是 $|L_n\alpha_n|<\frac{A}{D_n}$。因 $\frac{D_n}{A}$ 递增无界，故 $L_n\alpha_n\to 0$。

（2）因 $\{\alpha_n\}$、$\{\beta_n\}$ 为无穷小列，故有无界不减列 $D_n$、$E_n$，使 $|\alpha_n|\leqslant\frac{1}{D_n}$、$|\beta_n|\leqslant\frac{1}{E_n}$，设

$$C_n=\min\{D_n,E_n\}。$$

则 $C_n$ 是无界不减列而

$$|\alpha_n\pm\beta_n|\leqslant|\alpha_n|+|\beta_n|\leqslant\frac{2}{C_n}。$$

因 $\frac{C_n}{2}$ 是无界不减的，故 $\{\alpha_n\pm\beta_n\}$ 是无穷小列。

（3）承（2），有

$$|\alpha_n\beta_n|\leqslant\frac{1}{D_nE_n},$$

而 $\{D_nE_n\}$ 显然是无界不减的。

**命题 7.3.2** 设 $a_n\to a$，$b_n\to b$，则

（1）$(a_n\pm b_n)\to(a\pm b)$；

（2）$a_nb_n\to ab$；

（3）若 $a\neq 0$，则 $\frac{1}{a_n}\to\frac{1}{a}$。

**证明：**按定义，有 $a_n=a+\alpha_n$，$b_n=b+\beta_n$，而 $\{\alpha_n\}$、$\{\beta_n\}$ 都是无穷小列。于是：

（1）$a_n \pm b_n = (a \pm b) + (\alpha_n \pm \beta_n)$，因 $\{\alpha_n \pm \beta_n\}$ 为无穷小列，故 $(a_n \pm b_n) \to (a+b)$。

（2）$a_n b_n = (a+\alpha_n)(b+\beta_n)$

$$= ab + a\beta_n + b\alpha_n + \alpha_n\beta_n。$$

因 $a\beta_n$，$b\alpha_n$，$\alpha_n\beta_n$ 都是无穷小列，故 $a\beta_n + b\alpha_n + \alpha_n\beta_n$ 也是无穷小列，故 $a_n b_n \to ab$。

（3）因 $a_n = a + \alpha_n$，而有无界不减的 $D_n$，使

$$|\alpha_n| \leqslant \frac{1}{D_n},$$

故

$$\left|\frac{1}{a_n} - \frac{1}{a}\right| = \left|\frac{1}{a+\alpha_n} - \frac{1}{a}\right| = \left|\frac{\alpha_n}{a(a+\alpha_n)}\right|$$

$$\leqslant \frac{\frac{1}{D_n}}{|a|\left(|a| - \frac{1}{D_n}\right)} = \frac{1}{|a|(|a|D_n - 1)}。$$

显然，$|a|(|a|D_n - 1)$ 是无界不减列，故 $\frac{1}{a_n} - \frac{1}{a}$ 为无穷小列，即 $\frac{1}{a_n} \to \frac{1}{a}$。 □

同样的命题，用新定义的方法证明起来会比“ε－语言”简单一些。

## 7.4 不用“ε-语言”讲函数极限

既然讲数列极限可以不用“ε-语言”，那么讲函数极限也可以不用“ε-语言”，只不过用“无界不减函数”代替“无界不减数列”罢了。

**定义 7.4.1** 设 $D(x)$ 是在 $[c, +\infty)$ 上有定义的函数。如果 $D(x)$ 是单调不减的（即当 $x_1 < x_2$ 时有 $D(x_1) \leqslant D(x_2)$），并且是无界的（即不存在 $M>0$ 使不等式 $|D(x)| \leqslant M$ 对一切 $x \in [c, +\infty)$ 成立），就称 $D(x)$ 是 $+\infty$ 邻域的无界不减函数。

无界不减函数，是一个很简单、很明确的概念。有了它，便可以对函数引入无穷大、无穷小及极限概念了。

**定义 7.4.2** 设 $f(x)$ 是在 $[c, +\infty)$ 上有定义的函数。如果有一个在 $+\infty$ 邻域无界不减的函数 $D(x)$，使不等式

$$|f(x)| \geqslant D(x)$$

对某个区间 $[A, +\infty)$ 上的一切 $x$ 成立，则称 $f(x)$ 在 $x$ 趋于 $+\infty$ 时趋于 $\infty$，记作

$$\lim_{x \to +\infty} f(x) = \infty,$$

或

$$f(x) \to \infty \ (x \to +\infty)。$$

有了无穷大，如法炮制，无穷小就有了。

**定义 7.4.3** 设$f(x)$在$[c, +\infty)$上有定义。若有一个在$+\infty$邻域无界不减的恒正函数$D(x)$，使不等式

$$|f(x)| \leqslant \frac{1}{D(x)}$$

对某个区间$[A, +\infty)$上的一切$x$成立，则称$f(x)$是$x \to +\infty$过程中的无穷小量，或说当$x$趋于$+\infty$时$f(x)$趋于0。记作

$$\lim_{x \to +\infty} f(x) = 0,$$

或

$$f(x) \to 0 (x \to +\infty)。$$

有了无穷小的概念，极限的概念自然也就产生了。

**定义 7.4.4** 设$f(x)$在$[c, +\infty)$有定义。如果有实数$a$，使$f(x)-a$是$x \to +\infty$过程中的无穷小量，则称$f(x)$当$x \to +\infty$时以$a$为极限，记作

$$\lim_{x \to +\infty} f(x) = a,$$

或

$$f(x) \to a (x \to +\infty)。$$

现在，我们已引入了函数的无穷大、无穷小以及极限概念。事实上，我们只不过是用$x$代替了数列里的$n$罢了。连续变量$x$和离散变量$n$有共同点，它们都会趋于$+\infty$；但又有不同点：$x$还可以趋于0，趋于1，趋于任一实数$x_0$。这样一来，函数极限就比数列极限

花样更多。用“$\varepsilon$-语言”讲函数极限，常常要一条一条分别给出各种过程中的极限定义。我们则不用那么麻烦，只要用一下代数式的变换，就足以定义出新的极限过程了。

**定义 7.4.5** 若$f(x)$在$(x_0, x_0+\delta]$上有定义（这里$\delta$是某个正数），则

$$\lim_{x\to x_0+0} f(x) = a,$$

定义为

$$\lim_{\frac{1}{x-x_0}\to+\infty} f(x) = a。$$

作变换$y=\dfrac{1}{x-x_0}$之后，即

$$\lim_{y\to+\infty} f\left(x_0+\frac{1}{y}\right) = a。$$

**定义 7.4.6** 若$f(x)$在$[x_0-\delta, x_0)$上有定义（这里$\delta$是某个正数），则

$$\lim_{x\to x_0-0} f(x) = a,$$

定义为

$$\lim_{\frac{1}{x_0-x}\to+\infty} f(x) = a。$$

作变换$y=\dfrac{1}{x_0-x}$之后，即

$$\lim_{y\to+\infty} f\left(x_0-\frac{1}{y}\right) = a。$$

**定义 7.4.7** 若同时有

$$\lim_{x\to x_0+0} f(x) = a, \lim_{x\to x_0-0} f(x) = a,$$

则称

$$\lim_{x\to x_0} f(x) = a。\tag{7.4.1}$$

这就把函数的极限给出来了。

当然，也可以不依赖左、右单边极限而直接定义函数的双边极限。例如，可以把（7.4.1）式定义为

$$\lim_{\frac{1}{x-x_0}\to\infty} f(x) = a,$$

作变换 $y=\dfrac{1}{x-x_0}$后，即

$$\lim_{y\to\infty} f\left(x_0+\frac{1}{y}\right) = a。$$

而这里把“$y\to\infty$”理解为 $|y|\to+\infty$ 就可以了。

此外，还可以引入 $\lim\limits_{x\to-\infty} f(x)$，即

$$\lim_{-x\to+\infty} f(x)\,(\text{或}\lim_{y\to+\infty} f(-y))；$$

而

$$\lim_{x\to+\infty} f(x)=a, \lim_{x\to-\infty} f(x)=a$$

同时成立时就说

$$\lim_{x\to\infty} f(x)=a。$$

这比把 $\lim\limits_{x\to\infty} f(x)$ 简单地定义为 $\lim\limits_{|x|\to+\infty} f(x)$ 要更明确、更严格。

在极限概念 $\lim\limits_{x\to x_0} f(x) = a$ 中，$x$ 不能取值 $x_0$，而 $f(x)$ 可取值 $a$，这个道理学生往往想不通。因为在一般分析教程中，它是作为一条

规定颁布下来的，没有什么理由可讲。但在我们这里，由于$\lim\limits_{x\to x_0}$是用$\lim\limits_{\frac{1}{x\to x_0}\to\infty}$来定义的，$x$ 就自然不能取值 $x_0$ 了。否则，分母就出现了 0 而使表达式失去了意义。

这一套定义，将使学生在学习微积分时免受“$\varepsilon$－语言”之累，在定理证明和做题时用代数运算代替逻辑推理。

[**例 7.4.1**]　求证：$\lim\limits_{x\to+\infty}(x+\sqrt{x}\sin x)=+\infty$。

**证明：**当 $x>4$ 时有

$$x+\sqrt{x}\sin x\geqslant x-\sqrt{x}=\frac{x}{2}+\left(\frac{x}{2}-\sqrt{x}\right)>\frac{x}{2}。$$

因 $D(x)=\frac{x}{2}$是无界不减的，即得证。

[**例 7.4.2**]　求证：$\lim\limits_{x\to\infty}\frac{1}{x}\sin\frac{1}{x}=0$。

**证明：**因在 $[0,+\infty)$ 上有 $\left|\frac{1}{x}\sin\frac{1}{x}\right|<\frac{1}{x}$，由$D(x)=x$ 无界不减得知 $\lim\limits_{x\to+\infty}\frac{1}{x}\sin\frac{1}{x}=0$。又在 $(-\infty,0]$ 上有

$$\lim_{-x\to+\infty}\frac{1}{x}\sin\frac{1}{x}=\lim_{y\to+\infty}\left[-\frac{1}{y}\sin\left(\frac{-1}{y}\right)\right]$$

$$=\lim_{y\to+\infty}\frac{1}{y}\sin\frac{1}{y}=0。$$

按定义得

$$\lim_{x\to\infty}\frac{1}{x}\sin\frac{1}{x}=0。$$

或可以简单地由$\left|\frac{1}{x}\sin\frac{1}{x}\right| \leqslant \frac{1}{|x|}$即得所要结论。

［**例 7.4.3**］　求$\lim\limits_{x\to+\infty}\frac{x^2+3x}{x^2-x+1}$。

**解：**
$$\frac{x^2+3x}{x^2-x+1}=1+\frac{4x-1}{x^2-x+1}。$$

因为

$$\left|\frac{4x-1}{x^2-x+1}\right| \leqslant \left|\frac{4x}{x^2-x}\right| = \frac{4}{|x-1|},$$

又因$\frac{x-1}{4}$在［1，+∞）上无界不减，所以

$$\lim_{x\to+\infty}\frac{4x-1}{x^2-x+1}=0。$$

按定义得

$$\lim_{x\to+\infty}\frac{x^2+3x}{x^2-x+1}=1。$$

［**例 7.4.4**］　求证：$\lim\limits_{x\to 1}\frac{x+1}{2x-1}=2$。

**证明：**要证的实际上是

$$\lim_{x\to 1}\left(\frac{x+1}{2x-1}-2\right)=\lim_{x\to 1}\frac{3-3x}{2x-1}=0。$$

按定义，

$$\lim_{x\to 1}\frac{3-3x}{2x-1}=\lim_{\frac{1}{x-1}\to\infty}\frac{3-3x}{2x-1}\xlongequal{\left(y=\frac{1}{x-1}\right)}\lim_{y\to\infty}\frac{3}{-2-y}=0。$$

这最后一步是因为

$$\left|\frac{3}{-2-y}\right|=\frac{3}{|y+2|},$$

而$\frac{1}{3}(y+2)$ 在 $[-2,+\infty)$ 上无界不减。 □

为了叙述方便，不妨称这里引入的极限定义为“$D$-语言”。这种定义的特点是把任意极限问题化为无穷大问题，再用一个无界不减列 $D_n$ 或无界不减函数$D(x)$来比较，定义本身就是一个判别法。

## 7.5 两种极限定义的等价性

传统的“$\varepsilon$-语言”和这里提出的“$D$-语言”在逻辑上是否等价呢?

不难看出，它们是等价的。只要对无穷小的情形加以论证即可。

**命题 7.5.1** 对任一数列 $\{a_n\}$，下列两条件是等价的。

(1) 有一个无界不减的正数列 $D_n$，使

$$|a_n|\leqslant\frac{1}{D_n}。$$

(2) 对任给的 $\varepsilon>0$，有 $N>0$，使当 $n\geqslant N$ 时有

$$|a_n|<\varepsilon。$$

**证明**：先证 (1) 蕴涵 (2)：设有无界不减数列 $D_n$ 满足 $|a_n|\leqslant\frac{1}{D_n}$，则对任给的 $\varepsilon>0$，由 $\{D_n\}$ 的无界性，有 $D_N>\frac{1}{\varepsilon}$。又由 $D_n$

不减，对 $n \geqslant N$ 有

$$|a_n| \leqslant \frac{1}{D_n} \leqslant \frac{1}{D_N} < \varepsilon,$$

于是(2)成立。

再证(2)蕴涵(1)：首先指出，对任意的 $m$，数列 $\{|a_m|, |a_{m+1}|, |a_{m+2}|, \cdots\}$ 中必有最大者。否则，其中必有一无穷子列 $\{a_{m_i}\}$ 使

$$0 < |a_{m_1}| < |a_{m_2}| < |a_{m_3}| < \cdots$$

于是取 $\varepsilon = |a_{m_1}|$ 即与（2）矛盾。现在记

$$d_n = \max_{k \geqslant n}\{|a_k|\},$$

即 $d_n$ 为 $\{|a_n|, |a_{n+1}|, \cdots\}$ 中的最大者，则

$$d_1 \geqslant d_2 \geqslant \cdots d_n \geqslant \cdots \geqslant 0。$$

如果从某一个 $m$ 起 $d_m > 0$，而 $d_{m+1} = d_{m+2} = \cdots = 0$，我们取

$$D_n = \begin{cases} \dfrac{1}{d_n} & (\text{当 } n = 1,2,\cdots,m), \\ \dfrac{n}{d_m} & (\text{当 } n = m+1, m+2; \cdots), \end{cases}$$

则显然 $D_n$ 无界不减，且 $|a_n| \leqslant \dfrac{1}{D_n}$。这是因为按 $d_n$ 定义有 $|a_n| \leqslant d_n$，且当 $n > m$ 时 $|a_n| = 0$ 之故。

如果所有的 $d_n$ 都为正数，取 $D_n = \dfrac{1}{d_n}$，则显然有 $|a_n| \leqslant \dfrac{1}{D_n}$，且 $D_n$ 不减。要证明的是 $D_n$ 无界，用反证法：若不然，有 $A > 0$，使对

一切 $n$ 有 $D_n < A$，于是 $d_n > \frac{1}{A}$。现在取 $\varepsilon = \frac{1}{A}$，按（2）应有 $N > 0$，使当 $n \geqslant N$ 时有

$$|a_n| < \varepsilon = \frac{1}{A}。 \tag{7.5.1}$$

另一方面，由 $d_n > \frac{1}{A}$ 可知有 $n_1 \geqslant n$ 使 $|a_{n_1}| \geqslant d_n > \frac{1}{A} = \varepsilon$，这与（7.5.1）式矛盾。□

从证明过程中我们看到，用"$D$-语言"的定义导出"$\varepsilon$-语言"定义要容易得多，这也是"$D$-语言"比"$\varepsilon$-语言"方便的原因之一。

对于函数的无穷小，只要讨论 $x \to +\infty$ 时的一种情形就足够了。

**命题 7.5.2** 设 $f(x)$ 是在 $[c, +\infty)$ 上有定义的函数，则下列两条件等价：

（1）有一个无界不减的正函数 $D(x)$ 和某个正数 $A \geqslant c$，使在 $[A, +\infty)$ 上有

$$|f(x)| \leqslant \frac{1}{D(x)}。$$

（2）对任给的 $\varepsilon > 0$，总存在 $N \geqslant c$，使得当 $x \geqslant N$ 时，有

$$|f(x)| < \varepsilon。$$

**证明：** 先证(1)可以推出(2)：设(1)成立，对任给的 $\varepsilon > 0$，由于 $D(x)$ 无界，故一定有 $x_0$ 使 $D(x_0) > \frac{1}{\varepsilon}$。于是对一切 $x \geqslant x_0$，当 $x \in [A, +\infty)$ 时，有 $|f(x)| \leqslant \frac{1}{D(x)} < \varepsilon$，只要取 $N$ 为 $x_0$、$A$ 中

的大者即可。这证明了(2)成立。

再证(2)蕴涵(1)：若(2)成立，取 $\varepsilon_1=1$，可以找到$N_1\geqslant c$，使当 $x\geqslant N_1$ 时有$|f(x)|<1$。再取 $\varepsilon_2=\frac{1}{2}$，又可以找到$N_2>N_1+1$，使当 $x\geqslant N_2$ 时有$|f(x)|<\frac{1}{2}$。一般地，对 $\varepsilon_k=\frac{1}{k}$，可以找到 $N_k>N_{k-1}+1$，使当 $x\geqslant N_k$ 时，有$|f(x)|<\frac{1}{k}$。这就会得到

$$c\leqslant N_1<N_2<\cdots<N_k<\cdots$$

而且 $N_k>N_{k-1}+1$。令

$$D(x)=k\quad(x\in[N_k,N_{k+1})),$$

显然 $D(x)$ 无界不减。由 $N_k$ 的意义可知有

$$|f(x)|\leqslant\frac{1}{D(x)},$$

于是(1)成立。 □

这样，我们就可以放心地使用“$D$－语言”而不必担心有什么逻辑上的漏洞了。

令人担心的倒是，目前教师普遍采用延长学习时间而不是改进教材体系的办法来克服“$\varepsilon$－语言”带来的困难。例如，从中学课程中就开始加入“$\varepsilon$－语言”的内容。这样做，就如同靠加大劳动强度来提高劳动生产率一样，是行不通的！结果只会使“$\varepsilon$－语言”被更广泛地接受而难于改变，如同方块汉字和十进制一样。

# 八、漏掉了的基本定理

在微积分课程中，除了“ε－语言”外，关于实数理论的一系列命题也常使初学者望而生畏。比如确界存在定理、单调有界数列的收敛性定理、区间套定理、有限覆盖定理、有界数列必有收敛子列的定理、柯西基本列必收敛的定理等。这些定理是研究连续函数性质的有力工具。没有它们，一些很直观很有用的命题就无法证明。例如连续函数的中间值定理，连续函数的闭区间上取到最大值的定理，等等。

为了避开教学上的困难，在非数学专业的微积分教材中，很多重要的定理（如连续函数的中间值定理）不再给出证明。而在数学专业的教材中，则往往要用相当大的篇幅来证明这些定理。

对非数学专业的学生来说，失去了学习这份珍贵遗产的机会。

对数学专业的学生来说，则由此增加了分量不轻的负担！

是不是因为前人对实数理论总结得不够好，所以没法提供犀利的，通用性强的，又符合教学要求的工具呢？

笔者以为是如此。

实数，是由自然数系演变扩充得到的。自然数是全序集，实数也是全序集。那么，对自然数系而言的有力工具，能不能“移植”过来，用于实数系呢？具体地说：能不能把大家熟悉的数学归纳法搬到实数系里去一显身手呢？

## 8.1 两种归纳法——何其相似乃尔

在数学解题中，使用数学归纳法，对我们来说已经是家常便饭。数学归纳法的正确性，由自然数的一个性质来保证：“非空的自然数集里必有最小数”。从这一点着眼，又建立了超限归纳法，它可以用于任一个“良序集”。因为，良序集正是这样的全序集，“它的任一非空子集，有最小元素”。

实数集，按自然大小顺序，它的子集不一定有最小数。这给归纳推理造成了困难。也许正是因为这个原因，这个很容易想到的工具始终没有被人们使用过。

确实，我们的思想常受古圣先哲的限制，所以很少去追究珍贵遗产中的不足之处。其实，变通一下归纳法的形式，就能绕过实数集非良序集的困难。

让我们比较一下两种归纳法：[①]

---

① 归纳法中的(1)叫归纳起点，(2)叫归纳推断。

| 关于自然数的数学归纳法 | 关于实数的连续归纳法 |
| --- | --- |
| 设 $P_n$ 是涉及一个自然数 $n$ 的命题，如果： | 设 $p_x$ 是涉及一个实数 $x$ 的命题，如果： |
| (1) 有某个 $n_0$，使对一切 $n<n_0$ 有 $P_n$ 真。 | (1) 有某个 $x_0$，使对一切 $x<x_0$ 有 $p_x$ 真。 |
| (2) 若对一切 $n<m$ 有 $P_n$ 真，则 $P_n$ 对一切 $n<m+1$ 也真。 | (2) 若对一切 $x<y$ 有 $p_x$ 真，则有 $\delta_y>0$，使 $p_x$ 对一切 $x<y+\delta_y$ 也真。 |
| 那么，对一切自然数 $n$，$P_n$ 真。 | 那么，对一切实数 $x$，$p_x$ 真。 |

左边，是大家熟知的数学归纳法；右边，是我们提出来的连续归纳法。两种归纳法，何其相似乃尔！

这种新的归纳法一提出来，跟着就产生必须回答的问题：

第一，它是否正确？

第二，它是否有用？是否好用？

第三，它与现在常用的关于实数的命题是什么关系？

当务之急是回答第一个问题。如果它不正确，其余的就不用说了。

## 8.2 连续归纳原理与实数连续性等价

连续归纳法用于实数系是否成立，自然要依赖于实数系的基本性质。

实数系与有理数系的根本不同，在于实数系的连续性。用一根直线来表示实数系，这条数直线是天衣无缝的。

什么叫天衣无缝呢？如果我们用一把锋利的刀把直线砍断，这一刀，一定砍在某个点 $A$ 上。若是砍在缝隙上，岂不是有缝了？问题是：数直线被砍断以后，被刀砍中的那个点 $A$ 到哪里去了呢？它在左半截上，还是在右半截上呢？

回答只能是：不在左边，就在右边（如图 8－1）！反正不会两边都有，也不会两边都没有。因为点不可分割，也不会消失！

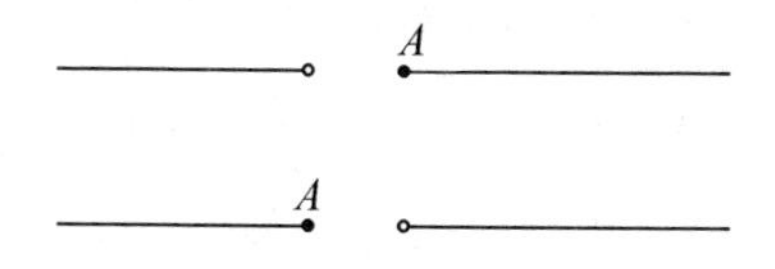


图 8－1

把这一套想法转换成严格的数学语言，便是

**关于实数系完备性的戴德金公理** 如果把全体实数分成甲、乙两个非空数集合，而且甲集里的每一个数 $x$ 比乙集里任一个数 $y$ 都小，那么，要么甲集里有最大数，要么乙集里有最小数，二者必居其一，且仅居其一。

我们要证明的是

**命题 8.2.1** 连续归纳法等价于关于实数完备性的戴德金公理。

**证明：**首先用戴德金公理导出连续归纳法，用反证法。若连续归纳法不成立，则有一个涉及实数 $x$ 的命题 $p_x$，使归纳法陈述中的(1)和(2)都成立，但仍有 $x^*$ 使 $p_{x^*}$ 不真。于是约定：若对一切 $x\in(-\infty, y)$ 有 $p_x$ 真，则 $y$ 属于甲集；其余的实数属于乙集。显然，甲、乙两集均非空。这是因为归纳法陈述中的(1)保证了甲集非空，而反证法假设 $p_{x^*}$ 不真，则保证了乙集非空。由甲集的做法可知甲集中每一个数比乙集中任一数小，由戴德金公理，甲集有最大数或乙集中有最小数，记此数为 $a$。

对任一 $x\in(-\infty, a)$，由于 $y_0=\dfrac{x+a}{2}<a$，故 $y_0$ 是甲集元素，而 $x\in(-\infty, y_0)$，由甲集定义知 $p_x$ 真，即对于一切 $x<a$ 有 $p_x$ 真。由归纳法陈述中的(2)有 $\delta>0$，使 $p_x$ 对一切 $x<a+\delta$ 为真，这推出了 $a+\delta$ 也属于甲集，这与“$a$ 是甲集最大数或乙集最小数”矛盾。从而否定了反证法的假设。

下面再由连续归纳法推出戴德金公理。设连续归纳法成立，如果已把全体实数分成了非空的甲、乙两集，而且甲集中任一个数小于乙集中的每个数，要证明的是甲集有最大数或乙集有最小数。

用反证法。设甲集无最大数且乙集无最小数。约定命题 $p_x$ 的意义是“$x$ 属于甲集”。因甲集不空，甲集中有某数 $x_0$，于是对一切 $x\in(-\infty, x_0)$，$x$ 属于甲集，即 $p_x$ 真，这就有了“归纳起点”。

设对一切 $x\in(-\infty, y)$ 有 $p_x$ 真。由于乙集中没有最小数，故 $y$ 必属于甲集。又因甲集中无最大数，故有 $\delta>0$ 使 $y+\delta$ 也属于甲集，从而对一切 $x\in(-\infty, y+\delta)$ 有 $p_x$ 真。这完成了“归纳推断”。

由连续归纳法，可知 $p_x$ 对一切 $x$ 真，即一切实数 $x$ 属于甲集。这与乙集非空矛盾。 □

现在已经弄明白了：就像常用的数学归纳法可以作为一条自然数的公理一样，连续归纳法也可以作为实数的公理，用它取代戴德金公理或其他形式的等价的实数连续性公理。

## 8.3 连续归纳法的应用

有了连续归纳法，数学分析里的一系列涉及实数连续性和连续函数性质的定理，就可以用统一的模式来证明。

**[例 8.3.1]** （*确界存在定理*）非空有上界的实数集合必有最小上界。

**证明：**只要证明“若数集 $M$ 无最小上界，则 $M$ 无上界”就可以了。用连续归纳法：

设命题 $p_x$ 为：$x$ 不是 $M$ 的上界。

(1) 因 $M$ 非空，故有 $x_0\in M$，于是对一切 $x\in(-\infty, x_0)$，$x$ 不

是 $M$ 的上界，即 $p_x$ 真。

(2) 若对任意的 $x \in (-\infty, y)$ 有 $p_x$ 成立，即 $x$ 不是 $M$ 的上界，则 $y$ 也不是 $M$ 的上界；否则，$y$ 将成为最小上界而与假设矛盾。既然 $y$ 不是 $M$ 的上界，必有 $\delta > 0$ 使 $y+\delta \in M$。于是对一切的 $x \in (-\infty, y+\delta)$ 有 $p_x$ 真。

由连续归纳法，对一切 $x$ 有 $p_x$ 真。即任一 $x$ 不是 $M$ 的上界，即 $M$ 无上界。

**[例 8.3.2]** （区间套定理）若有一列区间 $[a_n, b_n]$ 满足 $[a_n, b_n] \supset [a_{n+1}, b_{n+1}]$，则存在实数 $x_0$ 属于每一个 $[a_n, b_n]$。若 $\{b_n - a_n\}$ 无正的下界，这样的 $x_0$ 还是唯一的。

**证明：** 若有两个实数 $x_1$、$x_2$ 属于一切 $[a_n, b_n]$，则由 $b_n - a_n \geqslant |x_1 - x_2|$，可知 $\{b_n - a_n\}$ 有正的下界。可见当 $\{b_n - a_n\}$ 无正的下界时，至多有一个实数 $x$ 属于所有的 $[a_n, b_n]$。

剩下要证明有实数 $x_0$ 满足 $a_n \leqslant x_0 \leqslant b_n$ $(n=1, 2, \cdots)$，用反证法。若没有这样的 $x_0$，则 $\{b_n\}$ 的任一下界都不是 $\{a_n\}$ 的上界。以下用连续归纳法证明：这将推出每个实数都是 $\{b_n\}$ 的下界，即得矛盾。

引入命题 $p_x$：$x$ 是 $\{b_n\}$ 的下界。则

(1) 取 $x_0 = a_1$，则对一切 $x < x_0$，$p_x$ 真。

(2) 若对一切 $x < y$ 有 $p_x$ 真，则在 $(-\infty, y)$ 中不可能有 $\{b_n\}$ 中的数，因而 $y$ 也是 $\{b_n\}$ 的下界。由反证法假设，$y$ 不是 $\{a_n\}$ 的上界，故有某个 $a_{n_0} > y$，取 $\delta = a_{n_0} - y$，于是对一切 $x < y + \delta = a_{n_0}$，有 $p_x$ 真。

由连续归纳法知一切 $x$ 是 $\{b_n\}$ 下界。

**[例 8.3.3]** （*有限覆盖定理*）若有一族开区间 $U=\{\Delta_\zeta\}$ 覆盖了闭区间 $[a, b]$，则从 $U$ 中必可选出有限个 $\Delta_\zeta$ 覆盖住 $[a, b]$。

**证明：** 用连续归纳法：

引入命题 $p_x$：$[a, x]$ 能被 $U$ 中的有限个区间盖住。

这里，闭区间 $[a, x]$ 通常表示所有满足条件 $a\leqslant u\leqslant x$ 的数 $u$ 之集。当 $x<a$ 时，这样的 $u$ 就没有了，$[a, x]$ 当然表示空集。

（1）取 $x_0=a$，则对一切 $x<x_0$，$[a, x]$ 是空集。空集，不取什么区间也可以覆盖，所以 $p_x$ 总成立。

（2）如果对某个 $y$，一切 $x<y$，$[a, x]$ 有 $U$ 中的有限覆盖。我们来证明，$y$ 必定可以再向右移一点，即 $y$ 变成 $y+\delta$ 后，对一切 $x<y+\delta$，$[a, x]$ 仍有 $U$ 中的有限覆盖。不妨设 $y\in[a, b]$（如图 8-2）。这里 $U$ 中有个区间 $(\alpha, \beta)$，使得 $y\in(\alpha, \beta)$。在 $(\alpha, y)$ 内取一点 $x_1$，在 $(y, \beta)$ 内取一点 $x_2$。按归纳假设，$[a, x_1]$ 有 $U$ 中的有限覆盖，而 $[x_1, x_2]$ 当然也有 $U$ 中的有限覆盖，一个 $(\alpha, \beta)$ 就够了。合起来，$[a, x_2]$ 有 $U$ 中的有限覆盖。取 $x_2-y=\delta$，则对任一个 $x<y+\delta=x_2$，$p_x$ 真。

由连续归纳法，$p_x$ 对一切 $x$ 真。取 $x=b$，即知 $[a, b]$ 有限覆盖。

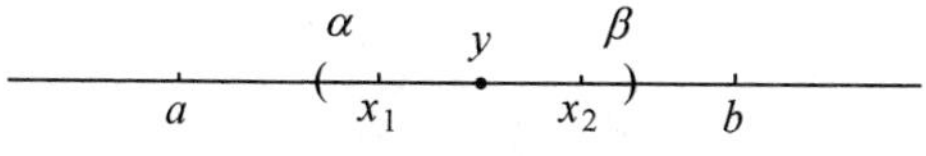

图 8-2

[例8.3.4]　（波尔查诺-魏尔斯特拉斯定理）若无穷点集 $M$ 被$[a, b]$包含，则$[a, b]$中至少有 $M$ 的一个极限点。即存在这样的点 $x_0$，使任何含 $x_0$ 的开区间均含 $M$ 中的无穷多个点。

**证明：** 用反证法。设 $M$ 没有极限点（当然，$M$ 的极限点不会在$[a, b]$之外。$M$ 没有极限点，也就是$[a, b]$中没有 $M$ 的极限点），下面用连续归纳法证明 $M$ 中只有有限个点，从而导致矛盾。

引入命题 $p_x$：在$(-\infty, x]$中只有 $M$ 的有限个点。

(1) 取 $x_0 = a$，对任一个 $x < x_0$，显然 $p_x$ 真。

(2) 如果某个 $y$，使一切 $x < y$ 有 $p_x$ 真，因为 $y$ 不是 $M$ 的极限点，故有开区间$(\alpha, \beta)$使$y \in (\alpha, \beta)$，而$(\alpha, \beta)$内只有 $M$ 的有限个点。参看图8-2，在$(\alpha, \beta)$内取 $x_1$，由归纳假定，$(-\infty, x_1]$内只有 $M$ 的有限个点，$(\alpha, \beta)$内也只有 $M$ 的有限个点，于是$(-\infty, \beta)$内只有 $M$ 的有限个点。现在取 $\delta = \beta - y$，于是对一切 $x < y + \delta$ 有 $p_x$ 真。

由连续归纳法，对一切 $x$，$(-\infty, x]$ 内只有 $M$ 的有限个点。取 $x = b$，可推出 $M$ 是有穷集。这与题设矛盾。

[例8.3.5]　（连续函数的有界性）若 $f(x)$ 在$[a, b]$上连续，则 $f(x)$ 在$[a, b]$上有界。

**证明：** 为了证明方便，把 $f$ 开拓成$(-\infty, +\infty)$上的函数 $f^*$：

$$f^*(x) = \begin{cases} f(x) & (x \in [a,b]), \\ f(a) & (x < a), \\ f(b) & (x > b)。\end{cases} \tag{8.3.1}$$

再对 $f^*$ 用连续归纳法。

引入命题 $p_x$：$f^*(x)$ 在 $(-\infty, x)$ 上有界。

（1）取 $x_0 = a$，则对一切 $x < x_0$，$p_x$ 真。

（2）若对一切 $x < y$ 有 $p_x$ 真，由于 $f^*$ 在点 $y$ 连续，故有 $(\alpha, \beta)$，使 $y \in [\alpha, \beta]$，并且 $f^*$ 在 $(\alpha, \beta)$ 上有界。参看图8-2，在 $(\alpha, y)$ 内取 $x_1$，则 $f^*$ 在 $(-\infty, x_1]$ 上有界，又在 $[x_1, \beta]$ 上有界，从而在 $(-\infty, \beta)$ 上有界。取 $\beta - y = \delta$，对任一个 $x < y + \delta = \beta$，$p_x$ 真。

由连续归纳法，$p_x$ 对一切 $x$ 成立。取 $x = b$，即得结论：$f^*$ 在 $(-\infty, b]$ 上有界，即 $f(x)$ 在 $[a, b]$ 上有界。

**[例 8.3.6]** （连续函数的中间值定理）设 $f(x)$ 在 $[a, b]$ 上连续，$f(a) < 0$，$f(b) > 0$，则至少有一个点 $x_0 \in (a, b)$，使 $f(x_0) = 0$。

**证明：** 用反证法。设对一切 $x \in [a, b]$ 有 $f(x) \neq 0$，我们用连续归纳法推出矛盾。

仍按例 8.3.5 的方式，把 $f(x)$ 拓展到全实数集上成为 $f^*$，见 (8.3.1) 式。

引入命题 $p_x$：$f^*(x)$ 在 $(-\infty, x]$ 上恒为负。

（1）因 $f(a) < 0$，按（8.3.1），对任一个 $x < x_0 = a$，$p_x$ 真。

（2）若对任一个 $x < y$，有 $p_x$ 真，则对一切 $x < y$ 有 $f^*(x) < 0$。按反证法假设 $f^*(y) \neq 0$，由 $f^*$ 在 $y$ 的连续性，有 $(\alpha, \beta)$ 使 $y \in (\alpha, \beta)$，且 $f^*$ 在 $(\alpha, \beta)$ 上与 $f^*(y)$ 同号。由 $f^*(\alpha) < 0$ 知 $f^*$ 在 $(\alpha, \beta)$

上为负，取 $\delta=\beta-y$，则对一切 $x<y+\delta=\beta$，有 $p_x$ 真。

由连续归纳法，$p_x$ 对一切 $x$ 成立。取 $x>b$，可得 $f(b)<0$，导致矛盾。 □

**[例 8.3.7]** （连续函数的最大值定理）若 $f(x)$ 在 $[a, b]$ 上连续，则 $f$ 在 $[a, b]$ 上取到最大值和最小值。

**证明：** 只要证最大值的情形就行了。

仍按（8.3.1）式把 $f$ 拓展成 $(-\infty, +\infty)$ 上的 $f^*$。用反证法，设 $f$ 在 $[a, b]$ 上取不到最大值，即 $f^*$ 在 $(-\infty, +\infty)$ 上取不到最大值。

引入命题 $p_x$：存在一点 $u$，使 $f^*(u)$ 大于 $f^*$ 在 $(-\infty, x]$ 所取的一切值。

（1）对任一 $x<a$，$p_x$ 真。这是因为若不是这样，$f(a)$ 便成为 $f$ 在 $[a, b]$ 上的最大值了。

（2）设对某个 $y$，一切 $x<y$ 均使 $p_x$ 真。由于 $f^*(y)$ 不是 $f^*$ 的最大值，故有 $u_1$，使 $f^*(u_1)>f^*(y)$。由 $f^*$ 在 $y$ 连续，有区间 $(\alpha, \beta)$ 使得 $y\in(\alpha, \beta)$，且 $f^*$ 在 $(\alpha, \beta)$ 的取值均小于 $f^*(u_1)$。参看图 8-2，在 $(\alpha, \beta)$ 内取 $x_1$，由归纳假设，有 $u_2$ 使 $f^*(u_2)$ 大于 $f^*$ 在 $(-\infty, x_1]$ 上的取值。取 $f^*(u)$ 为 $f^*(u_1)$ 与 $f^*(u_2)$ 中的较大者，则 $f^*(u)$ 大于 $f^*$ 在 $(-\infty, \beta)$ 上的值。取 $\delta=\beta-y$，则当 $x<y+\delta$ 时 $p_x$ 成立。

由连续归纳法，$p_x$ 对一切 $x$ 成立。当 $x>b$ 时，意味着有 $u$ 使

$f^*(u)$大于$f^*$在$[a, b]$上的一切值，即

$$f^*(u) > f^*(u),$$

导致矛盾。

**[例8.3.8]**　（连续函数在闭区间上的一致连续性）若$f(x)$在$[a, b]$上连续，则它在$[a, b]$上一致连续。

**证明：**令$\delta$是不超过$b-a$的一个正数。记

$$\omega(\delta) = \sup_{|x_1-x_2|\leqslant\delta}\{f^*(x_1) - f^*(x_2)\}。$$

这里$f^*$是$f$按（8.3.1）式在$(-\infty, +\infty)$上的开拓。

当$\delta$变小时，$\omega(\delta)$不会增大，故当$\delta\to 0$时，$\omega(\delta)$有个确定的极限$\omega$，不妨设

$$\lim_{\delta\to 0}\omega(\delta) = \omega_0 \geqslant 0。$$

要证明$f^*$一致连续（即$f$在$[a, b]$上一致连续），只要证$\omega_0=0$就够了。用反证法，设$\omega_0>0$，又记

$$\omega_x = \lim_{\delta\to 0}\sup_{\substack{|x_1-x_2|\leqslant\delta\\ x_1<x_2\leqslant x}}\{|f^*(x_1) - f^*(x_2)|\}$$

引入命题$p_x$：$\omega_x < \frac{\omega_0}{2}$。

（1）对$x<a$，显然$\omega_x=0<\frac{\omega_0}{2}$，$p_x$真。

（2）设对某个$y$，一切$x<y$均使$p_x$真。由于$f^*$在$y$上连续，故

有 $(\alpha, \beta)$ 使 $y \in (\alpha, \beta)$，且 $f^*$ 在 $(\alpha, \beta)$ 上的上下确界之差小于 $\frac{\omega_0}{2}$。在 $(\alpha, y)$ 内取 $x_1$，由归纳假设知 $\omega_{x_1} < \frac{\omega_0}{2}$，于是 $\omega_\beta < \frac{\omega_0}{2}$。因而对一切 $x < y + \delta = \beta$，有 $p_x$ 真。

由连续归纳法知，$p_x$ 对一切 $x$ 成立。取 $x = b$，得 $\omega_b < \frac{\omega_0}{2}$。但按 $\omega_x$ 及 $\omega_0$ 的定义显然有 $\omega_b = \omega_0$，这推出了矛盾。 □

通常微积分教程中证明以上这些命题，用的是不同的方法。现在，我们采取统一的模式，就更便于理解和掌握了。

## 8.4 一个由点到面的推理模式

前面的几个例子都有这个特点：利用一点邻域的性质来推出全局的性质。抓住这一点，便能建立一个统一的推理模式，使许多定理的证明简化。

我们引入一个“可分命题”的概念。

**可分命题** 设命题 $Q_\Delta$ 是涉及区间 $\Delta$ 的一个判断，如果满足下面两条：

(1) 若 $Q_\Delta$ 成立，且 $\Delta_1 \subset \Delta$，则 $Q_\Delta$ 成立。

(2) 若 $\Delta_1 \cap \Delta_2 \neq \varnothing$，则由 $Q_{\Delta_1}$ 成立且 $Q_{\Delta_2}$ 成立，可推出 $Q_{\Delta_1 \cup \Delta_2}$ 成立。

这时便说 $Q_\Delta$ 是关于区间的可分命题。这里，区间 $\Delta$ 可以是开的、闭的、半开半闭的。

对于可分命题，可以建立一个统一的推理模式：

**定理 $Q$** （关于可分命题的统一推理模式）设 $Q_{\triangle}$ 是可分命题。对任一点 $x\in[a, b]$，有包含 $x$ 的 $(\alpha, \beta)$ 使 $Q_{(\alpha,\beta)}$ 成立，则 $Q_{[a,b]}$ 成立。

这个定理可以用连续归纳法证明，也可以用有限覆盖定理更简单地导出，或直接由戴德金公理推出。这里略去具体的证明。

使用定理 $Q$，一定要把所要证的命题设法转化成一个有关的可分命题。下面，我们用上一节的例题来说明这种推理模式的用法。

**确界存在定理** 把命题转化为可分命题 $Q_{\triangle}$：$\triangle$ 中的点都是 $M$ 的上界或都不是 $M$ 的上界。

用反证法。若 $M$ 无最小上界，则当 $x$ 不是上界时，有含 $x$ 的 $(\alpha, \beta)$ 使其中的点均非上界；而当 $x$ 是 $M$ 的上界时，有含 $x$ 的 $(\alpha, \beta)$ 使其中的点均为 $M$ 的上界。由定理 $Q$，命题 $Q_{[a,b]}$ 对任意 $a$、$b$ 成立，取 $a\in M$，$b$ 为 $M$ 的上界，即推出矛盾。

**区间套定理** 把命题转化为可分命题 $Q_{\triangle}$：$\triangle$ 中的点或者都是 $\{b_n\}$ 的下界，或者都不是 $\{b_n\}$ 的下界。

推证方法同确界存在定理，用反证法。

**有限覆盖定理** 把命题转化为可分命题 $Q_{\triangle}$：$\triangle$ 可被 $U$ 的有限个区间覆盖。

证法显然。

**波尔查诺-魏尔斯特拉斯定理** 把命题转化为可分命题 $Q_{\Delta}$：$\Delta$ 中只有 $M$ 的有限个点。

用反证法。

**连续函数的有界性** 把命题转化为可分命题 $Q_{\Delta}$：$f$ 在 $\Delta$ 上有界。

**连续函数的中间值定理** 把命题转化为可分命题 $Q_{\Delta}$：$f$ 在 $\Delta$ 上恒正或恒负。

以下再用反证法即可。

**连续函数的最值定理** 把命题转化为可分命题 $Q_{\Delta}$：存在 $u$ 使 $f(u)$ 大于 $f$ 在 $\Delta$ 上的值。

用反证法。

**连续函数的均匀连续性** 把命题转化为可分命题 $Q_{\Delta}$：

$$\lim_{\delta\to 0}\sup_{\substack{|x_1-x_2|<\delta\\ x_1\in\Delta, x_2\in\Delta}}\{|f(x_1)-f(x_2)|\}<\frac{\omega_0}{2}。$$

再用反证法，设 $\omega_0>0$ 即可得证。

这样，我们就轻而易举地证明了一批定理——因为定理 $Q$ 抓住了事情的本质。

定理 $Q$ 也可以推广到高维，这里就不再赘述了。

定理 $Q$ 比连续归纳法更好用。但连续归纳法也许更易被接受，因为它沾了数学归纳法的光！

## 8.5 两种质疑

作者提出连续归纳法以来，常听到两种质疑。

质疑一：数学归纳法每次用 $n+1$ 代替 $n$，则 $n$ 可以取遍自然数；连续归纳法每次用 $y+\delta$ 代替 $y$，要是 $\delta$ 越来越小，$y$ 就不见得能跨过一切实数了吧？

答曰：连续归纳法是用反证法、从实数的基本性质戴德金公理推得的，它的正确性不依赖于 $\delta$ 的大小变化。

直观上可以这样看，如果 $y$ 的增长遇到了一个障碍 $y^*$，就可以从 $y^*+\delta$ 开始，这表明 $y^*$ 并非障碍！

质疑二：用连续归纳法会不会推出错误的结论呢？例如：设 $f(x)=x^3$，则 $f$ 在 $(-\infty, 0)$ 上有上界；又若 $f$ 在 $(-\infty, y)$ 上有上界，则有 $\delta>0$ 使 $f$ 在 $(-\infty, y+\delta)$ 上有上界，于是推出 $f(x)$ 在 $(-\infty, +\infty)$ 上有上界。这岂不荒谬？

答曰：使用连续归纳法和使用数学归纳法一样，先要明确要证的命题是什么 。数学归纳法，讨论的命题涉及一个自然数 $n$，连续归纳法的命题则涉及一个实数 $x$。

按质疑者所提出的例子，有关命题 $p_x$ 是 $f$ 在 $(-\infty, x)$ 上有界。于是，最后结论应当是“对一切 $x\in(-\infty, +\infty)$，$f$ 在 $(-\infty, x)$ 上有上界”，而不是“$f$ 在 $(-\infty, +\infty)$ 上有上界”。

# 九、从数学教育到教育数学

近年来，科学技术像神话般地飞速发展。在这场大发展中，数学和其他科技领域的关系日益密切。

一百多年前，正如恩格斯在《自然辩证法》一书中所写："数学在化学中的应用仅仅是简单的比例式，在生物学中的应用等于0。"而今天，与电子计算机技术的飞速发展相伴，数学已渗透到人类的一切活动领域。生物、经济、医学甚至音乐、美术与文学，没有一个领域与数学绝缘。这种形势迫使人们必须给数学教育以更大的重视。

还是一百多年前，恩格斯在《反杜林论》中，给数学的对象下了经典性的定义："纯数学的对象是现实世界的空间形式和数量关系，所以是非常现实的材料。"但是，经过一个多世纪的发展，数学的面貌已大不相同了。数学所研究的对象大大超出了原先人们所理解的"空间形式和数量关系"的框架。当我们仍用恩格斯的定义来刻画现代数学时，"空间形式"必须理解为一切类似于空间形式的形式：射影空间、非欧空间、拓扑空间、无穷维的空间、微分流形……而“数量关系”也要理解为一切类似于数量关系的关系：逻辑关系、语法关系……数学面貌的大变化对数学教育提出了新的要求。

两股力量汇合在一起，即科学技术的需要和数学本身的发展，推动着数学教育现代化运动蓬勃发展。改革数学教育的浪潮，席卷了世界所有发达国家。

数学教育已经成为一门受到广泛重视的学科。

数学教育学的对象是数学教学，而不是数学本身。数学教育学面临的两大问题无非是：

（1）**教什么**——数学内容问题；

（2）**怎样教**——教学方法问题。

但是，方法与内容又是紧密联系的，肯定了“教什么”，才能研究“怎么教”的问题。

于是，数学教育学要靠数学提供材料。当然，这材料还不是教材。要把材料变成教材，按照教育学的说法必须对材料进行“教学法的加工”。

但是，仅仅进行“教学法的加工”就够了吗？

祖宗给我们留下方块汉字。无论进行什么样的“教学法加工”，方块字还是方块字，文字简化、汉语拼音不是教育学的事。

十进制也是这样。无论进行什么样的“教学法加工”，十进制还是十进制，它本身固有的缺点是无法去掉的。

教育是大事。未来的医生、工程师、物理学家、诗人与将军，都要从学校走出来。数学应当提供“最好”的材料。为了尽可能“最好”，在“教学法加工”之前，就应当进行数学的加工，数学的再创造。

为了数学教育的需要，对数学成果进行再创造，这已不是数学教育学的任务了。这主要是数学工作者的责任，是数学的任务。

为完成这一任务而进行的研究活动，如果发展起来形成方向或学科，就是教育数学。

## 9.1 从欧几里得到布尔巴基

目前，世界上有数以万计的数学家，他们孜孜不倦地在数学的矿山里开掘。由于他们的劳动，新概念、新定理、新猜想、新问题如雨后春笋般地冒出来。据统计，《美国数学评论》每年摘引的新定理不下20万条！

这些新定理的命运如何呢？

它们中的绝大多数，或由于平凡，或由于繁琐，或由于过于专业，或由于其他不知道的原因，被束之高阁，被人们忘却，甚至根本不被人们注意——那就连忘却也谈不上了。

它们中的少部分，曾受到同行专家的青睐，被写入综合性论文，写入专著，甚至载入史册，成为数学工作者或其他科技工作者学习研究的基本参考资料。

只有极少极少的部分，由于它既基础又重要，或特别简单有趣，所以能进入小学、中学或大学的课堂，成为人类代代相传的珍贵遗产中的一部分。

从浩如烟海的原始文献到提纲撮要的综合报告、自成体系的专著，再到能引导初学者跨越科学之门的教材，需要人们付出艰苦繁重的劳动，需要数学上的再创造。

这种再创造的劳动果实为科学界所共享，为学习者所需要。干得出色，就会受到热烈的欢迎、高度的评价。

从古至今，都是如此。

欧几里得的《几何原本》，是第一个取得了辉煌成就的对数学材料进行再创造的范例。它影响数学家和科学家的思维方式达两千年之久。直到今天，它仍然没有退出中学课堂！

19 世纪法兰西科学院院士柯西，对积累了两百多年的微积分成果进行了再创造的研究，写出了迈向严密的微积分王国的第一部教程——《分析教程》。年轻的挪威数学家阿贝尔在他的文章中赞扬道："每一个在数学研究中喜欢严密性的人，都应该读这本杰出的著作！"

进入 20 世纪，数学的发展越来越迅速，这种再创造的工作显得更加重要和必需。有需要就有动力，于是一批有胆有识之士义无反顾地为此献身。

尼古拉·布尔巴基，现代最著名的法国数学家，已经出版了皇皇巨著《数学原理》的前40卷。这部尚未完成的数学百科全书的目的是“对数学从头探讨，并给予完全的证明”。《数学原理》在国际数学界引起了强烈反响，它和它的作者获得了很高的声誉。

然而有趣的是，布尔巴基要求加入美国数学会的申请被拒绝了。理由很简单，因为美国数学会认为，世界上没有这个名叫布尔巴基的人。布尔巴基强烈抗议，然而没有用。因为事实上确无此人，布尔巴基是一个集体的笔名。

布尔巴基们把数学归结为“研究抽象结构的理论”。他们认为，集合论是数学大厦的地基，而大厦的骨架由3种最基本的结构——母结构组成。这3种母结构是：序结构、代数结构、拓扑结构。比如，我们熟悉的实数有大小，这是序结构；有四则运算，这是代数结构；有连续性，这是拓扑结构。

母结构加进新的公理，产生子结构。不同的结构结合起来，产生复合结构。布尔巴基们认为，研究今天已有的和未来可能产生的种种结构，就是纯数学的特征。

有了结构观点，数学的核心部分就条理化、系统化了。布尔巴基的书，成为数学家们的高级教程。

这样看来，从古到今，数学成果的整理加工与再创造，都是有益的、受人赞扬的、影响深远的。

欧几里得、柯西、布尔巴基，他们是站在数学发展的前沿进行再创造活动。他们的书，首先是为了数学家的学习，然后才进入课堂，成为教材的蓝本。所以，人们通常不称他们为教育数学家。其实广义地说，他们的工作确实应当算是教育数学的活动。

但是，离开了数学发展的前沿，在数学的大后方，面对着似乎是早已熟悉的材料，面对着中小学及大学教程的“老生常谈”，还有没有数学研究的余地呢？还有没有再创造的必要与可能呢？如果只剩下“教学法加工”，教育数学就无事可做了。

## 9.2 教育数学有事可做

我们已经规定了教育数学的任务：为了数学教育的需要，对数学成果进行再创造。

仅仅这样说一下，并不足以证明教育数学就有权存在，还必须说明再创造的必要性与可能性。

在数学的前沿，这种再创造的必要性与可能性早已举世公认。欧几里得、柯西、布尔巴基，就是极好的范例。在数学的大后方，也并非无事可做。这本书里已经提到了几件事：以面积为中心的平面几何推理体系与公理系统，以无界不减数列为起点的极限理论，在实数理论中引入连续归纳法。每件事在这里仅仅是开了个头。

这里面有许多新的定理、新的证法、新的定义和新的公理体系。而教学法加工，不可能把全等三角形与相似三角形的方法，变成“共边三角形”与“共角三角形”的方法；不可能改变极限定义的“$\varepsilon$－语言”；不可能挖掘出被遗漏的“连续归纳法”。

然而，数学家的目光往往忽略了这个角落，因为他们认为这里是太平无事的大后方，认为这里只有数学教育，而没有数学的研究对象。

教育数学，在数学教育和数学之间的边缘地带生出了小苗。如果只有这本书提到的几件工作，而没有更多的问题成为教育数学的动力，这株小苗就会枯萎。

可是我们无须担心，因为问题会源源而来。

数学知识，特别是作为数学教育内容的基础知识，是客观世界的空间形式与数量关系的反映。同样的空间形式，同样的数量关系，可以用不同的数学命题、数学结构、数学体系来反映。这就如同从不同的角度给一头大象拍照，会得到十分不一样的照片，但它总是这一头象。只是，有的反映方式便于学习、掌握、理解、记忆，有的则不然。

不同的反映方式，尽管都是客观世界的正确反映，但教育的效果却会大不相同。例如罗马数字的算术和阿拉伯数字的算术，尽管算题时得出同样的结果，但在教育效果上的差别是显而易见的。

因此，为了数学教育的目的，我们应当用“批判”的眼光审视已有的数学知识。这批判，当然不是怀疑这些数学知识的正确性，而是检查它在教育上的适用性。我们要用系统科学的观点，联系着前后左右的教学，联系着学生的心理特征与年龄特征，看一看，问一问，哪种反映方式较优？能不能找到更优或最优的反映方式？

为了认识平面图形的性质，我们可以学欧氏的《几何原本》，可以学《解析几何》或《三角学》，可以学《质点几何》，也可以学《向量几何》，还可以创造新的几何体系，就像我们在本书第四、五章中所做的那样。哪种方案能更快更好地完成这一阶段数学教育的任务呢？这需要我们仔细考察。

同样学习“极限过程”的客观规律，可以用“$\varepsilon$－语言”，也可以用本书第七章引入的单调序列比较法，其效果也会不同。

寻求更优的反映方式，是数学上的再创造活动。但是，我们应当从哪里下手呢？

可以着眼于两点——难点和新点。

数学教学中，有一些传统的、公认的难点，例如几何解题、极限概念、三角变换等。对付难点常用的办法，有分散难点、推迟难点、反复强化、适当回避等手段。

从教育数学的角度看，难点之难，很可能是由于数学成果未能给客观世界提供好的反映，这就需要通过再创造寻求更优的反映方式。也就是说，通过教育数学的研究，改造数学概念的表述方式，提供更便于掌握的方法，化解难点。

前面，我们着重讨论平面几何、极限概念和实数理论，也正是因为它们是公认的难点。

难点，给教育数学提供了课题。

什么是新点呢?

随着数学的发展和科学技术的进步，数学教育的内容和方法也必然相应变化。传统的初等数学，即中小学的数学，不过是算术、几何、代数与三角，这些都是几百年前数学家们早已熟知的东西。而现代的初等数学，即数学教育现代化运动中提出的应当进入中学课堂的教学，已包括：1）初等微积分；2）初等集合论；3）数理逻辑引论；4）近世代数的概念，特别是群、环、域和向量的概念；5）概率论和统计引论。有些方案还主张加入向量空间和线性代数、等价关系和顺序关系、初等拓扑学引论和非欧几何学引论等内容。

这么多的东西，一下子挤进中学数学的课堂，将会造成什么局面?如何才能使学生学得更快更好而又不加重负担?这是教育学与数学面临的问题，是数学教育与教育数学的共同任务。这么多的内容如何妥善安排，形成一个优化的系统，光靠教学法加工显然不够，还需要数学上的再创造。

大学的数学教学面临同样的问题。如何讲微分流形?如何讲非标准分析？如何讲图形学？大批的材料有待于再创造。

教育数学，还怕没有事做吗？

## 9.3　是难是易

教育数学，初看似乎容易，因为它在数学的后方，它所处理的似乎是比较初等的东西，是已被证明了的东西。但困难也在这里，要从平凡而熟知的东西中变出新花样是不容易的。进行再创造，无疑是在向前辈大师们挑战。更深一层的困难在于：你很难判断自己的再创造是成功了还是失败了，因为问题本来就不明确。至于问题有没有解决，解决得好不好，就更不明确了。

本来，你以为你在某一方面改进了现存的体系。但实际上，也许你的工作反而给数学教育添了新的麻烦！

当然，实践是检验是非优劣的标准，教学实践可以告诉我们，再创造是成功还是失败。

但也有这种情况，“实践”表明成功了的未必真的就好。因为新教材的“试点”，往往有好教师、好学生、好条件，所以才会成功。而面上的推广，就是另外一回事了。

“实践”表明失败了的也未必真的不好，习惯的势力是强大的，心理因素往往给新方案的推行带来难以逾越的困难。即使新的几何体系比传统的体系简单得多，也会引起教师的不习惯，从而造成学生学习的困难。因为教师往往已按传统体系教了一二十年，已习惯于用传统体系思考问题，要改造思维方式是十分困难的。

所以新方案的实施，需要从培养教师入手。如果要用实践证明新方案是好的、行得通的，至少要一代人的努力，20 年的光阴。

问题又来了，在没有证明新方案比旧体系更优越之前，社会又怎能下决心用一代人的努力为代价来进行实践呢？所以，在真刀真枪的教学实践之前，还应当作个预测，作个比较。

预测、比较，有没有什么真凭实据的标准呢？

应当是有的，哪怕是几条模糊标准也好。

## 9.4　优劣的标准

为了判断教育数学成果的优劣，我们试着找出几条标准来。

最容易想到的是逻辑结构越简单越好。简单的东西容易掌握，这是毫无疑问的。有些数学定理，第一个证明会长达百页以上。陈景润研究哥德巴赫猜想取得“1 +2”的结果，最初的证明有 200 页之多！对于这样长的证明，数学家一方面要硬着头皮来学习，另一方面又不满意，致力于寻找短证明。有些定理的证明似乎简短，但用到了比较专业的知识或高深的理论，这也会促使数学家寻求所谓初等的证明。只有简化到一定程度，初等化到一定程度，数学成果才能被更多的人理解，才有可能进入课堂！

所谓逻辑结构简单，又有3个含义：

（1）**推理步骤的总数少**

比如，平面几何教材中，总是从基本命题出发，一步一步地推出那些希望学生掌握的命题。材料组织得好，推理总步数就少。也就是说，构成整个逻辑链的环节就少，但功能并不弱。那怎样才能减少推理环节呢？这不仅要靠材料的组织，还要靠数学上的创新。

（2）**推理的路径短**

也就是说，从基本出发点到每个命题之间的逻辑环节尽可能少。在推理步骤总数相同的条件下，推理路径的长短可以不同。例如，5个命题$A$、$B$、$C$、$D$、$E$，如果推理过程为（每个箭头表示一步推理）

$$A\to\to B\to\to C\to\to D\to\to E,$$

它的最长路径为8步，平均路径为$\frac{1}{4}\times(2+4+6+8)=5$步。但如果我们能找到一种放射型逻辑结构，那它的总步骤仍是8步，但最长路径仅有2步，平均路径也不过2步（见右图）！

$A$ → → $B$
$A$ → → $C$
$A$ → → $D$
$A$ → → $E$

这也表明，放射型逻辑结构有希望优于串联的逻辑结构。

（3）**推理过程的“宽度”小**

所谓推理的宽度，是指为了获得一个命题所要涉及的知识面。

例如，为了获得“平行截割定理”，按照本书例题5.4.2的方法，只用到两个命题：

① 若 $P$ 是 $\triangle ABC$ 的边 $AB$ 上的一点，则

$$\frac{\triangle APC}{\triangle ABC}=\frac{AP}{AB}。$$

② 若 $AB /\!/ MN$，则 $\triangle AMN=\triangle BMN$。

而在常见的教材体系中，为了得到这个定理，需要先有下列命题：

（1）平行四边形对边相等。

（2）平行线的同位角判定法。

（3）相似三角形的“角、角”判定法。

（4）相似三角形对应边成比例。

对比之下，后者宽度较大，因而教师知道了前一种证法后，均乐于放弃传统教材中的方法。

除了逻辑结构简单之外，能否提供有力的解题方法，也是评价教育数学成果优劣的一条重要标准。

数学的心脏是问题。学了数学知识，就要用这些知识去解决相应的实际问题、理论问题。如何教会学生解题，确实是数学教学中最复杂的问题之一。

同一个数学题常常有不同的解法。有些解法虽然有很强的技巧性，但只能用于狭窄的一类问题。比如传统的算术课里讲了不少特

殊的解题技巧，把四则应用题分成“工程问题”“混合物问题”“行程问题”“鸡兔同笼问题”等，并分别提供思路、技巧与公式。孩子们学推理、背公式，弄得焦头烂额。这些不同类型的题目，都可以通过方程轻松解决。代数之所以比算术高明，是因为它能够提供更有力的通用方法。

对数学材料的“教学法加工”，并不能提供新的更好的解题方法。于是，这个任务落在了“教育数学”的肩上。

除了简单的逻辑结构、有力的解题方法外，还应当要求些什么呢？那就是数学概念的引入，应当使学生感到亲切、自然、平易、直观。

教学过程中有信息的传递，但教学过程绝不是简单的信息传递过程。学生的大脑不是录音机里的磁带，不能只是简单地把输入的信息录下来。心理学的研究告诉我们：学生理解和形成数学概念，是一种主动的心理过程。他们把课堂上听到的新内容，纳入自己已有的经验系统，或者按自己的方式理解新的东西（同化），或者改造自己原有经验而形成新经验（顺应）。

在安排教学过程时，我们既要想到学生头脑里已经有的东西，又要考虑到学生将来要学的东西，充分发挥学习过程中正迁移的作用，防止负迁移。教育数学，要为这种安排提供素材。

对即将引入的内容，要形成“山雨欲来”之势。

对引入的新内容，要让学生有“似曾相识”之感。

比如，学生在小学就学了简单面积的计算，对面积的大小比较、面积的可加性都比较熟悉，而且他们在代数课上又学会了列方程式与解方程式，在此基础上，以面积为中心讲平面几何，自然易于接受。

又如当学生学数列时，自然的例子是数列1，2，3，4，…,这是无界不减数列。它提示我们利用无界不减数列引入无穷大列，无穷大列又唤来了无穷小列、极限概念。这也许会比“$\varepsilon$－语言”更易于接受吧。

类似地，学生熟悉了对自然数系适用的数学归纳法之后，进一步引导他们学习连续归纳法，是顺理成章的。

充分发挥正迁移的作用，这个想法贯穿着我们在教育数学领域所做的初步工作。

本书列举了相当数量的例题。不如此，就无法表明我们推荐的东西包含有力的解题工具：共边比例定理与共角比例定理、三角形面积公式、连续归纳法……

无论是以面积为中心的几何新体系，以无界不减数列为起点的极限定义，还是被先辈大师们遗漏了的连续归纳法，比起传统教材相应部分的内容，都有更简单的逻辑结构。

更简单的逻辑结构、更有力的解题方法、更平易近人的数学概念，这是教育数学追求的目标，是教育数学的择优标准，也是教育数学选题的指南。

## 9.5 纸上谈兵与真刀真枪

教育数学的成果，最终要靠教学实践来检验。如果没有教学实践的机会，我们这里所谈的一切，便只不过是纸上谈兵。

毕竟“教育数学”还没有成为一门公认学科。即使有一天，它真的成为一门学科，一门边缘数学，其成果也不一定就能进入课堂。

但是，有志于教育数学的人，应当有韧性、有恒心用自己坚持不懈的努力，把取得的成果通过课外读物、数学讲座、教学参考资料等途径向教师、向学生、向课堂渗透。只要是有价值的东西迟早会得到读者的认可，时间是最好的检验，相信习惯势力最终无法阻挡教育数学的脚步。

从事教育数学的工作者，当然要和数学教育家密切合作，吸取数学教育的研究成果；也要和教师密切合作，给他们提供适用的教材与教学参考资料，并从他们的教学经验中吸取营养。

前路迢迢，愿教育数学这株幼苗茁壮成长！愿更多有志于数学教育的人加入教育数学的研究队伍中。这本书只是这一方向的开始，不过是一次倡议而已。疏漏难免，切望批评指正。

# 后　　记

所谓教育数学，就是为教育而做数学。它和数学教育有关系，但又不相同。数学教育着眼于教学法和如何对数学材料进行教学法的加工，是为了数学而做教育，并不承担数学上的创造工作，也就是并不做数学；教育数学则实实在在是要做数学的。我的这个理念，始于20世纪70年代，形成于80年代。

1974年~1976年，我曾在新疆一所中学教数学，用面积方法改革几何教学的想法就是在那时产生的。曹培生先生当时也在该校任教。在十分困难的情况下，他一直全力支持我的想法，并与我共同从事这一工作。由于客观形势的限制，这项工作没能在该校进行下去，但教育数学思想的种子是从那里萌芽的。

后来，我在这方面的研究成果有机会陆续发表。之后在出版社的盛情邀请下，我与曹培生先生商量后，由我执笔写成了本书的初稿。

近年来，本书提出的一些想法已经在社会上产生了较大的影响。例如：

(1) 面积方法在国内不胫而走，成为中学生数学奥林匹克培训的必备内容之一，并被编入多种数学奥林匹克读物。

（2）一些师范院校的初等几何教材（如上海科技出版社1991年出版的《初等几何研究》），也详细介绍了系统面积方法的基本原理，并称之为21世纪中学平面几何新体系。

（3）在我国著名数学家、数学教育家陈重穆教授主持编写的《高效初中数学实验教材》中，把面积方法的两个基本工具（共边比例定理和共角比例定理）作为重要定理。经教学试验效果很好，可节省课时，提高学生能力。

（4）1992年美国一所大学邀请我赴美合作研究，把面积方法发展为计算机算法并实现为微机程序，使几何定理可读证明自动生成这一多年难题得到突破。

（5）本书荣获中国图书奖。

由此可见，教育数学这一思想是很有生命力的。但它毕竟刚刚起步，内容还有待于丰富和完善，观点也要在教育实践中进一步检验。

张景中